改性纤维可食复合膜性能和保鲜应用的研究

刘 欢 著

中国纺织出版社有限公司

内 容 提 要

本书共分五章，主要介绍了果蔬加工废弃物综合开发、果蔬纤维提取、果蔬纤维改性、改性果蔬纤维可食复合膜制备及其在果蔬保鲜中的应用。本书内容对降低食品综合开发成本、丰富新型无污染包装原材料种类、提高食品和包装产品质量都具有较重要的理论价值。本书适合食品科学与工程、食品质量与安全、农产品贮藏与加工、材料科学与工程等专业的大学本科生及研究生的课外学习辅助使用，也可供从事食品加工、食品保藏、材料化学及相关学科的研究者和生产者参考应用。

图书在版编目（CIP）数据

改性纤维可食复合膜性能和保鲜应用的研究 / 刘欢著. --北京：中国纺织出版社有限公司，2020.12（2021.9重印）
ISBN 978-7-5180-8218-6

Ⅰ.①改… Ⅱ.①刘… Ⅲ.①果蔬加工—果实纤维—应用—保鲜膜—生产工艺 Ⅳ.①TS255.3②TS206.4

中国版本图书馆 CIP 数据核字（2020）第 228244 号

责任编辑：闫 婷 潘博闻　　　　责任校对：高 涵
责任印制：王艳丽

中国纺织出版社有限公司出版发行
地址：北京市朝阳区百子湾东里 A407 号楼　邮政编码：100124
销售电话：010—67004422　传真：010—87155801
http：//www. c-textilep. com
中国纺织出版社天猫旗舰店
官方微博 http：//weibo. com/2119887771
唐山玺诚印务有限公司印刷　各地新华书店经销
2020 年 12 月第 1 版　2021 年 9 月第 2 次印刷
开本：710×1000　1/16　印张：11
字数：138 千字　定价：68.00 元

前　言

随着人们生活水平的提高,果蔬及其深加工产品和包装食品的消费量在逐年增加,由此产生的大量废弃物造成资源的浪费和环境的污染。因此,怎样合理地开发和利用这部分资源,已成为全世界生物材料研究的一大热点。本书主要阐述了果蔬加工废弃物中纤维的综合开发和利用,并紧密结合我国绿色循环经济发展现状,介绍了国内外胡萝卜纤维科学技术的发展。本书在编写过程中参阅了大量的中外文献并依据作者多年的研究成果,总结了果蔬纤维改性及其可食膜制备的技术。从总体上讲,可分为纤维改性和改性纤维可食膜两大核心内容,主要包括果蔬加工废弃物,果蔬纤维分离提取方法,纤维物理、化学和生物改性,可食膜性能,纤维和改性纤维可食膜,可食膜保鲜应用。

本书在编写上力求语言精练、内容通俗易懂,以实用和便于自学为主,以果蔬加工废弃物中纤维研究为主线,注重绿色环保、安全节能纤维改性方法的使用和扫描电子显微镜(SEM)、X 射线衍射(X - ray)和红外光谱(FT - IR)等先进检测技术在纤维改性及其可食膜研究中的应用。全书理论系统,工艺详实,反映了果蔬纤维综合开发和利用较为前沿研究成果。

本书不仅能够提供膳食纤维和绿色包装材料开发相关知识,还能为胡萝卜深加工产业化、食品和包装领域的发展、新型生物聚合材料和果蔬贮藏保鲜的研究等提供理论参考。对于促进我国在食品、药品和包装领域达到世界领先水平、提高质量和降低成本、开创胡萝卜纤维素应用的新领域、提供新型无污染的包装材料、提高环境保护水平都具有较重要的理论价值。

本书适合食品科学与工程、食品质量与安全、农产品贮藏与加工、材料科学与工程等专业的大学本科生及研究生的课外学习辅助使用,也可供从事食品加工、食品贮藏、材料化学及相关学科的研究者和生产者参考应用。

目　录

第一章　果蔬加工废弃物综合开发的研究

第一节　果蔬加工废弃物资源现状

果蔬及其深加工产品消费量在逐年的递增，但果蔬产量并不能满足人们的需求。因此，果蔬综合利用变得极为重要。然而，大多数果蔬加工工厂使用完所需成分后，都将剩余部分扔掉。怎样合理地利用这部分资源，已成为全世界果蔬加工业新的开发方向。对果蔬残渣进行合理的综合利用，不仅可取代部分常规资源，也有利于环境保护。目前，我国果蔬深加工还很落后，并且果蔬综合利用体系还未建立起来，所以研究果蔬残渣技术已是今后我国果蔬深加工行业研究的一大课题。

从20世纪90年代到现在，世界果蔬汁市场每年增长10%以上，发达国家人均年消费果蔬汁30～60千克。而我国果蔬汁生产量也在逐年增加，2004年果蔬汁饮料总产量为500多万吨，约占软饮料总产量的17%，与2001年150万吨果蔬汁饮料总产量相比，其增长了2.5倍还多。2005年统计显示数据显示，果蔬汁饮料中果汁及果汁饮料产量就已经达到480万吨，比去年果汁及果汁饮料增长28%。果蔬采收和果蔬产品生产过程中，有大量的不合格的果蔬原料和果蔬加工的废弃物产生，其是来源广泛的可再生资源。因此，如何充分利用果蔬原料废弃物成为果蔬加工企业面临的重要问题。

第二节　果蔬加工废弃物开发技术

一、水果加工废弃物开发技术

早在20世纪80年代，美国已经完成了水果综合利用开发体系，其中苹果深加工体系投入达一千五百万美元。目前，最可行的苹果渣综合利用方法是作为动物饲料的原料；苹果渣中含有大量的木质素、纤维素、半纤维素等多糖类物质，也是一种良好的膳食纤维资源;以苹果渣为原料生产乙醇、果胶、乳酸、柠檬酸、酶制剂和酚类物质等各类产品的研究也先后展开。猕猴桃皮渣含有蛋白酶,将其提取后可以用于防止酒精饮料出现冷却浑浊现象,还可以作为肉制品加工的嫩化剂以及药品中消化剂等;猕猴桃籽含有生物碱、氨基酸、蛋白质、还原糖、油脂等,用来提取油脂,所得油中 α - 亚麻酸含量高达 60.71%;此外,猕猴桃皮渣可以经固态发酵生产柠檬酸。在葡萄汁加工过程中,有 20% ~30% 的皮渣产生,它包括果皮肉、果梗和种子,其中膳食纤维、缩合单宁酸和抗蛋白含量丰富。葡萄皮渣可以制取白兰地、葡萄籽油、葡萄红色素、食用醋、酒石类化合物;葡萄皮渣提出的多酚类物质(花青素和黄酮)具有抗氧化性,成为葡萄皮渣综合利用发展新的热点。番茄皮渣是生产番茄酱(汁)后的废弃物,主要由种子和果皮组成,具有丰富的营养物质,番茄的种子中脂肪含量为 25%,可以加工成番茄籽油,而加工油后的残渣蛋白质含量达到 38%,含有丰富的谷氨酸、天门冬氨酸、赖氨酸等;番茄果皮中的可食用膳食纤维含量达到 70%,是开发高钙型膳食纤维的潜在原料;而番茄皮渣中富含番茄红素(0.639 ~1.98mg/100g),对治疗前列腺疾病有一定功效。

二、蔬菜加工废弃物开发技术

20 世纪 80 年代初期,中国科学院已将胡萝卜的深加工作为国家农业综合利用和开发的重点项目。20 多年来,中国科学院和中国医学科学院等科研院所开展大量胡萝卜深加工相关研究,并在成分提取分离技术、功能保健食品研发等方面取得重大突破。现阶段,蔬菜综合利用与开发主要有直接加工和提取营养成分,下面主要介绍一下蔬菜中胡萝卜的综合利用方面的研究。

(一)胡萝卜直接加工

将胡萝卜直接或与其他果蔬混合加工成保健饮料和浓缩食品,如胡萝卜汁、胡萝卜浆、胡萝卜混合饮品,又可作为进一步深加工食品的原料。此类产品成本低,工艺要求不高,但也存在很大局限:一是口感不如水果饮品;二是加工胡萝卜汁会产生大量的残渣。无论采用何种加工工艺,胡萝卜的出汁率在 60% 左右,相应的胡萝卜渣则会有 40% 左右,许多有用成分仍有大部分存留在其中。新疆啤酒花股份有限公司以胡萝卜为原料生产浓缩汁,利用从国外引进的果蔬粉生产线,将榨汁后的残渣制取胡萝卜粉,再进一步加工成 β - 胡萝卜素。因此,胡萝卜粉和 β - 胡萝卜素等深加工产品的开发生产,有效提高了胡萝卜的附加值。

（二）胡萝卜提取营养物质

胡萝卜富含丰富的营养物质，其中β-胡萝卜素可作为营养强化剂添加到食品和饮料中，或直接制成保健品；同时，β-胡萝卜素也可作为天然色素添加到食品中；在饲料工业中，在鱼、鸡饲料中添加β-胡萝卜素，改变红白锦鲤体色，在鸡饲料中添加β-胡萝卜素可提高产蛋率，并使蛋壳的颜色加深。从以上可以看出，β-胡萝卜素应用十分广泛，使其提取工艺不断发展。传统的工艺是采用石油醚萃取的方法提取胡萝卜素，这种方法β-胡萝卜素得率低，随着生物技术的发展，研究人员采用纤维素酶、果胶酶等破坏胡萝卜的细胞壁，使β-胡萝卜素得到了更大的释放，再用石油醚萃取，这种方法使β-胡萝卜素的提取率提高1.8倍。尽管β-胡萝卜素的提取率有所提高，但经过深加工后胡萝卜废弃物中仍含有大量的β-胡萝卜素、膳食纤维素、矿物质等。这些加工废弃物，如果不及时处理、合理利用，不仅会污染环境，而且会造成大量宝贵资源的浪费。

（三）胡萝卜渣综合利用

近年来，胡萝卜饮料和功能保健等各类食品产量迅速增加，这些胡萝卜食品在生产过程中产生了大量可再利用的残渣。尽管提取和分离等加工技术正在快速的发展，但仍有超过40%～50%胡萝卜废弃物被扔掉，果蔬资源浪费严重，破坏生态环境。然而，被废弃的胡萝卜渣含有丰富的果胶、胡萝卜素和大量的膳食纤维，若能针对其加工和功能特性，研制出更多种类的胡萝卜深加工产品。不但可以增加胡萝卜的附加值，延长其加工的产业链，又能变废为宝，解决生态环境污染等问题。

1.胡萝卜渣直接加工

胡萝卜汁加工中产生了大量的废渣，可以用于生产胡萝卜粉。干燥工艺保存好胡萝卜渣中β-胡萝卜素和大量的膳食纤维等物质，以利于进一步综合利用。周文革和梁颂华主要研究热风加热干燥的风温、风速、物料层厚度3种因素对胡萝卜粉的品质影响。试验结果显示控制一定的蒸汽压力和温度，能获得具有浓郁香味的干胡萝卜粗渣，风温、风速、物料层厚度3种因素比较发现，胡萝卜渣水分流失由风温决定，风速和物料层厚度影响次之，胡萝卜渣的含水量也可以降到6%；同时，提高风温和风速以及降低物料层厚度可以迅速排除水分达到干制目的；最后，在干制过程中进行先精后细的粉碎，其粉碎度也要达到90%以上透过80目。Chantaro等用热烫和热风干燥胡萝卜皮生产抗氧化剂胡萝卜膳食纤维粉，对干燥动力学及膳食纤维粉的理化性质进行分析。结果表明，热烫对纤维成分含量、保水性和纤维粉膨胀能力影响显著，与此相反，热风干燥并不影响水化性能；在抗氧化活性方面，热烫引起β－胡萝卜素和酚类化合物的含量降低，从而导致最终产品的抗氧化活性的丧失。张学杰等采用热风干燥、真空干燥以及联合干燥工艺对胡萝卜渣干燥过程中含水量及类胡萝卜素的动态变化规律进行研究比较。结果表明采用先热风85℃干燥45min后再真空75℃烘干，当胡萝卜渣水分含量达到8%时，干燥时间最短为134～135min，类胡萝卜素的损失率最少，仅为2%。说明热风—真空联合干燥技术能在较短的干燥时间内，较大程度地保存胡萝卜渣中的类胡萝卜素，为较佳的胡萝卜渣干燥工艺。Upadhyay等研究胡萝卜渣干燥方式以及干燥温度对胡萝卜渣的产品成分含量的影响。机械干燥要优于自然风干，β－胡萝卜素随温度升高（60～75℃）而增加（9.86～11.57 mg/100g），抗坏血酸则相反（22.95～13.53mg/100g），最优的干燥温度为65℃。

2.胡萝卜渣膳食纤维

膳食纤维主要是不能被人体利用的多糖，即不能被人类的胃肠道中消化酶所消化的，且不被人体吸收利用的多糖。这类多糖主要来自植物细胞壁的复合碳水化合物，也可称为非淀粉多糖，即非α－葡聚糖的多糖，1953年由英国科学家菲普斯利提出。近50年多年来，调查研究发现膳食纤维对人们身体健康有很多重要生理作用。适宜的膳食纤维摄入量，能帮助肠胃蠕动，促进食物的消化吸收；膳食纤维还具有强大吸水性，当人体摄入的营养过剩时，它能把过剩的营养带出体外，有利于粪便的排泄，防止便秘；并由于它有庞大的吸附基团，能将众多有害、有毒的因子带出体外；经常补充膳食纤维，不仅能保持健康的体质，还能有效预防冠心病、糖尿病等多种疾病。因此，现代营养学界已将膳食纤维列为继蛋白质、淀粉、脂肪、矿物质、维生素、水之后的“第七大营养素”，可以作为平衡膳食结构的重要功能性基础食品。

目前，国内外利用胡萝卜渣已经研究出具有降低胆固醇、血压和血脂等功能特性的高活性膳食纤维，开发膳食纤维的技术也已较为成熟，并已形成一定产业规模。Chau等用从胡萝卜渣中提取不溶性的膳食纤维质量含量高达50%～67%，这些不溶性膳食纤维由果胶多糖、半纤维素和纤维素组成，其中水不溶性膳食纤维的功能特性要好于其他两种膳食纤维。Ma等将胡萝卜汁加工中废渣生产可溶性膳食纤维，利用超微粉碎技术改变胡萝卜渣膳食纤维物理化学性质，使其具有良好的保护肠道的作用；扫描电镜和荧光显微镜观察结果表明，超微粉碎处理可显著减小胡萝卜不溶性膳食纤维的粒径，使其Brunauer－Emmett－Teller（BET）表面积从0.374增加到1.835 m^2/g；保水性、膨胀性和持油能力分别提高62.09%、49.25%和45.45%；对葡萄糖、亚硝酸盐和铅离子的吸附能力也有明显提高,显著减少铅等离子对细胞毒害作用,达到对人体功能保健作用。林文庭和洪华荣通过水提醇沉法提取胡萝卜渣水溶性膳食纤维,通过外加淀粉酶和蛋白酶提取胡萝卜渣水不溶性膳食纤维,采用均匀设计优选提取工艺条件:通过测定水不溶性膳食纤维的膨胀性、持水力、结合水力、阳离子交换容量、结合脂肪能力及吸附胆酸钠能力来了解其性能特性。水溶性膳食纤维提取的最佳工艺参数为时间60min,液料比40:1(mL/g),pH值1.5,温度80℃;提取率为70%。最佳酶解条件,淀粉酶为加酶量0.6%,时间60min,pH值7.0,温度75℃;中性蛋白酶为加酶量0.3%,时间60min,pH 7,温度70℃。邵焕霞研究胡萝卜渣中膳食纤维的提取工艺,水溶性膳食纤维用盐酸提取,剩余残渣通过α-淀粉酶去除胡萝卜渣中的淀粉制得粗水不溶性膳食纤维,通过单因素实验和正交实验,以产品工艺得率为指标,优化酸解处理和酶解处理的最佳工艺条件。结果表明:胡萝卜渣中提取水溶性膳食纤维最佳条件为料液比为1:9,pH为2.5,水浴温度为85℃,水浴时间为75min;提取不溶性膳食纤维α-淀粉酶的最佳酶解条件:温度70℃,pH值5.5,加酶量0.6%,时间80min。胡萝卜渣水溶性膳食纤维产率为7.3%,水不溶性膳食纤维产率达69.12%,膨胀力为5.3mL/g,持水力为4.3g/g。研究人员发现,加入胡萝卜渣膳食纤维后,大大提高食品的口感。因此利用胡萝卜渣提取膳食纤维得率较高,理化性能较好,口感好,应用广泛,这使胡萝卜渣具有良好的发展前景。

3.胡萝卜渣胡萝卜素

胡萝卜加工过程中,有60%~70%,甚至达到80%胡萝卜素残留于渣子中,即胡萝卜渣中胡萝卜素含量为2~3g/kg。Stoll等采用酶法提取胡萝卜渣中胡萝卜素,工艺包括细磨、酶解(pH 4、温度50℃和时间1h)、均质和浓缩等过程,浓缩水解液的总胡萝卜素含量达64mg/kg,而且研究人员将这一新工艺应用在工厂试点中。张学杰利用超临界二氧化碳流体萃取技术分离胡萝卜加工废弃物中类胡萝卜素,结果表明,在无化学试剂辅助作用下,当其萃取条件分别为物料粒度为100目、萃取压力40MPa、萃取温度50℃、萃取时间1h和流量1.0mL/min时,类胡萝卜素的一次性萃取率达到54%。Carle和Schieber对胡萝卜渣综合应用研究发现,胡萝卜渣中含有丰富的胡萝卜素和果胶等有益物质,并且用酶处理的胡萝卜渣加入饮料中可以产生一种物质,预防腹泻。

4.胡萝卜渣其他方面的应用

果胶是一种天然的食品添加剂,它能够在低浓度时形成凝胶,增加食物黏度,可以作为酸性乳产品的增稠剂。尽管果胶存在于植物的组织中,但生产原料有限,因此需要开发更多的生产资料的资源。陈洪潮等利用胡萝卜、山楂榨渣为原料提取的果胶,采用酸液提取、精滤提纯、超滤浓缩、酒精沉析真空干燥等新技术制取果胶,其产品质量好,收率高,能耗低,与其他常用工艺比较,具有明显的优越性,果胶得率为0.97%~1.06%,酯化度≥50%。陈改荣和张庆芝提出以胡萝卜渣为原料,用盐酸溶液萃取,硫酸铝沉淀提取果胶的方法,探讨了温度、时间、液量、pH值以及硫酸铝用量对果胶产率的影响,获得的适宜条件是:胡萝卜渣置于pH 1.5萃取液中,加热至90℃,恒温1.5h,萃取液中加入原料量20%的硫酸铝以沉淀果胶。

胡萝卜渣含有丰富的营养物质,除了提取果胶外,经加工后还被作为鸡等家禽的饲料,研究发现被喂胡萝卜渣的鸡比未被喂胡萝卜渣的产蛋量高和鸡蛋颜色更深。胡萝卜渣中含有丰富的胡萝卜素,是天然色素最佳的原料,而且胡萝卜渣也可以作为酿造食醋的原料,其风味更独特,营养更丰富。

第二章　果蔬纤维提取方法的研究

第一节　果蔬纤维原料来源

近年来,果蔬加工食品消费量逐年增加,而这些产品在加工过程中产生大量果蔬加工废弃物。果蔬加工废弃物除小部分被加工成色素、果胶、发酵原料和饲料等以外,大部分作为废弃物被丢弃,造成资源浪费和环境污染。据估计,在胡萝卜加工过程中,得到的胡萝卜渣占原料的30%～50%,而其含有的胡萝卜纤维素则占56%。

膳食纤维主要是指不能被人类胃肠道中消化酶所消化的,且不被人体吸收利用的多糖,这类多糖主要来自植物细胞壁的复合碳水化合物,也可称为非淀粉多糖。膳食纤维按主要成分分为纤维素、半纤维素、果胶、树胶、木质素等。膳食纤维按溶解性分为可溶性和不可溶性两种:可溶性膳食纤维包括水溶性果胶、植物胶质、海藻多糖类、化学变性多糖类等,在食品中主要起胶凝增稠和乳化作用;水不溶性膳食纤维是植物细胞壁的结构物质,包括:纤维素、半纤维素、木质素、不溶性果胶等,在食品中主要起填充作用。膳食纤维按原料种类分为谷物类、蔬菜类、水果类、藻类、食用菌类和合成类等。其中,谷物中含大量半纤维素,蔬菜主要含纤维素,水果多含果胶,藻类和食用菌含有较多的多糖。果蔬膳食纤维中高活性纤维的比例远大于谷物纤维。膳食纤维从生产来源上主要有四类:将榨汁后的梨渣、苹果渣、山楂渣、柠檬皮、葡萄渣等制成可食用的膳食纤维;利用水稻壳、小麦壳、大豆皮和玉米壳等废弃物经过加工产生膳食纤维;直接从含有高膳食纤维的谷物和果蔬中提取膳食纤维;从食品加工工业的残留物中提取膳食纤维,如制糖工业中的甜菜渣和甘蔗渣、粮油工业中的豆渣、淀粉工业中的甘薯渣和玉米渣等。

第二节　果蔬纤维提取方法

近年来，膳食纤维加工技术不断完善，已经形成比较完整的工艺体系，主要有原料筛分、原料粗粉碎、浸泡蒸煮、性能提高、漂白脱色、烘干脱水、产品细粉碎等。目前，膳食纤维的提取方法可分为三大类：粗提取法、生物提取法和化学提取法。

一、粗提取法

粗提取法也叫物理分离法，主要是利用液体悬浮法和气流分级法，将原料中各成分的相对含量改变，减少如植酸、淀粉等的含量，从而提高膳食纤维的含量，该方法适合于原料的预处理。曹媛媛和木泰华研究了粗分离筛法去除淀粉，优化甘薯膳食纤维的提取工艺，通过正交实验确定最佳筛分提取条件为料液比为1:60，筛分时间为20min，筛分频率为3.75Hz，溶液pH为7，在此条件下制得甘薯膳食纤维的总含量达到81.3%。

二、生物提取法

生物提取法是采用酶、发酵等生物技术分离提取膳食纤维的一种专一性强、温和且环保的方法。酶法是通过淀粉酶、果胶酶、木质素酶、半纤维素酶和蛋白酶等去除淀粉、果胶、蛋白质和木质素等获得膳食纤维；同时，还可以配合其他分离方法去降解非膳食纤维成分，酶法分离纯化的膳食纤维具有杂质少、纯度高、颜色浅和无异味等优点。Dong等研究化学法、酶法、化学—酶法、超声—酶法和剪切乳化—酶法对咖啡皮可溶性膳食纤维理化、结构和功能性质的影响。结果表明，剪切乳化—酶法提取可溶性膳食纤维的得率最高，酶法和剪切乳化—酶法提取咖啡皮中的蛋白质含量相近；与其他方法相比，剪切乳化—酶法提取可溶性膳食纤维，具有较高的持水力（7.05g/g）、持油能力（3.61g/g）、葡萄糖吸收活性（228.06mg/g），是提取咖啡皮可溶性膳食纤维的最佳方法。Khan等研究了不同提取方法（碱法AEDF、酶法EEDF和酶剪切乳化水解法SEDF）对不同脱脂核桃粉膳食纤维结构、理化性质及功能特性的影响。AEDF提取膳食纤维保水能力（5.39g/g）、水膨胀容量（3.16g/mL）和粒径较高，而吸油量（29g/g）的值较低；EEDF提取膳食纤维基质更多孔，而SEDF的网状结构没有明显变化；用AEDF、EEDF和SEDF提取的膳食纤维具有良好的黏度和乳化活性，但稳定性指标较差。Lecumberri 等采用酶法提取可可中的膳食纤维，因为可可中蛋白、脂肪含量较高，同时含有一定量淀粉，研究人员先用有机溶剂抽提脂肪，再结合淀粉酶和蛋白酶去除淀粉和蛋白，最终得到膳食纤维（60.54%）。Ma 和 Mu 等探讨了碱法、酶法、剪切乳化—酶法对脱油孜然膳食纤维化学组成及结构、物理化学和功能性质的影响，剪切乳化—酶法的膳食纤维水膨胀容量（6.79～7.98 mL/g）、油吸附容量（6.12%～7.25%）、α－淀粉酶活性抑制率（14.79%～21.84%）、葡萄糖吸附量（2.02%～60.86%）和胆汁酸阻滞指数（16.34%～50.08%）最高；筛孔尺寸大于 80 目膳食纤维具有更好的物理化学和功能特性。

三、化学提取法

采用酸性、碱性或絮凝剂等化学试剂来提取果蔬废弃物中可食性膳食纤维，化学分离方法经酸、碱或其他化学试剂处理后，过滤后将滤液 pH 调至中性，然后经过洗涤、漂白、离心和沉淀等工艺处理获得水溶性膳食纤维，滤渣则为水不溶性膳食纤维。邵梦欣等用胡萝卜提取果胶后的残渣为原料，经脱脂，碱液提取半纤维素，亚氯酸钠去木质素新工艺制取纤维素，果胶和纤维素的得率分别为 1.06% 和 75.9%。Li 等以番茄皮渣为原料提取改性可溶性膳食纤维（M－SDF），碱处理条件为 20% H_2O_2溶液，pH 为 10，固液比 1∶15（g/mL）和反应时间 1.5 h，在此条件下改性膳食纤维（M－SDF）产率比常规方法提取膳食纤维（O－SDF）提高 3 倍，采用红外光谱和透射电镜研究了 O－SDF 和M－SDF 结构特征的差异表明，M－SDF 在 pH 为 5 和 Ca^{2+}存在的条件下可以形成理想的凝胶；与 O－SDF 相比，M－SDF 对 Ca^{2+}的凝胶化能力更强；M－SDF 具有良好的保水、吸附葡萄糖和结合胆汁酸的能力，是一种新型的功能性水胶体或食品添加剂。Sangnark 和 Noomhorm 等研究 H_2O_2 提取水稻秸秆纤维及其理化性质，处理时间为 10h 时，水稻秸秆纤维持水性、膨胀性和粘油性均达到最大值；5% H_2O_2处理水稻秸秆纤维的颗粒尺寸微小，添加入面包中，使面包的体积和柔软度明显降低。Wang 等利用碱提取法从白菜中将不溶性纤维（IDF）分离并制备成白菜纸，分析了 IDF 的结构、理化性质和结晶度。用 8wt% 碱溶液处理大白菜原纤维后，在 IDF 中发现了四种纤维形态。IDF 基纸张表面光滑，质地柔软透明，强度高。Keshk 等研究室温和 4℃条件下，10% NaOH、NaOH/尿素和 NaOH/乙二醇溶液对不同纤维素结晶结构的影响。在低温下，不同碱性溶液处理后纤维纯度较好，X 射线衍射图仅在 $2\theta = 12.5°$和 21.0°处出现两次衍射，属于纤维素Ⅱ的结晶结构；在室温下属于纤维素Ⅰ的结晶结构。在不同的碱性溶液和温度下，纤维素的聚合度对纤维素的溶解起着重要的作用,在低温下,碱性溶液处理使纤维素的结晶结构从纤维素Ⅰ到纤维素Ⅱ变化,溶解率提高。

四、果蔬纤维提取方法的应用

目前,工业大规模的化学制备主要有亚硫酸盐法和碱法。亚硫酸盐法可以产生高纯度的纤维素溶解浆,而碱法具有可以化学回收、产品性能好和适应性广等优点。纤维素的制备用碱液作为提取剂,将纤维素和半纤维素从原料中分离出来。

本书将以胡萝卜渣为例,重点介绍一下化学提取方法在果蔬纤维提取中的应用。

(一)提取方法试验设计

1. 胡萝卜渣纤维素提取的工艺流程

工艺流程见图2-1。

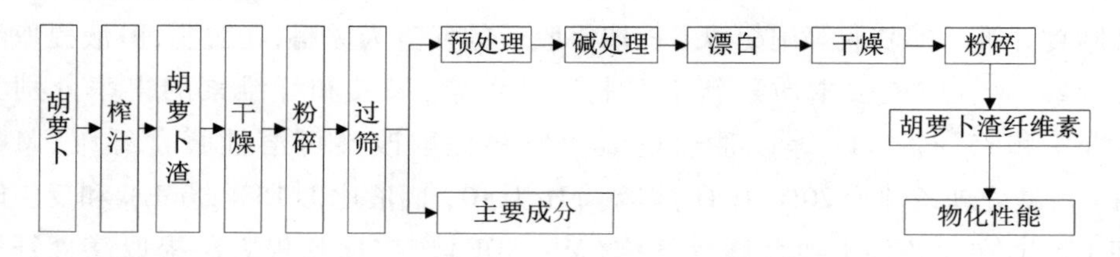

图2-1　胡萝卜渣提取纤维素的工艺流程

2. 胡萝卜渣纤维素提取工艺要点

将新鲜的胡萝卜洗净,切成4mm块状,放入榨汁机中榨汁,用4层脱脂纱布过滤,胡萝卜滤渣烘干,粉碎,过筛60目;胡萝卜渣干粉与水按比例1:2(w/w)混合,用10%盐酸调节胡萝卜渣溶液pH值为1.5,在85℃下浸提2.0h,用温水多次洗涤过滤,直至中性;按提取液用量为15mL/g加入10% NaOH溶液,40℃浸提20h,滤渣用水洗至中性;中性胡萝卜滤渣,加等量次氯酸钠,用50%醋酸调pH至4.5,75℃漂白1h,降温后过滤,用95%乙醇洗涤几次过滤;胡萝卜渣纤维素:滤渣在60℃烘干,得胡萝卜渣纤维素。

3. 胡萝卜渣成分的测定

胡萝卜渣的成分采用以下方法进行测定:脂肪,按照GB 5009.6—2016,酸水解法;水分测定,按照GB 5009.3—2016,直接干燥法;灰分,按照GB 5009.4—2016,灼烧法;淀粉,按照GB 5009.9—2016,酶解法;果胶,按照GB 25533—2010,酸不溶灰分法;蛋白质,按照GB 5009.5—2016,凯氏定氮法;粗纤维,按照GB/T

5009.10—2003,酸碱法。

4.胡萝卜渣纤维素含量和得率的测定

(1)含量。

采用蒽酮—浓硫酸法测定纤维素含量。称取胡萝卜渣纤维素0.2g于烧杯中,放入冷水浴中,加入60%浓硫酸60mL,消化30min,然后将消化好的纤维素溶液转入100mL的容量瓶中,定容,摇匀。取2mL纤维素定容,溶液放入具塞试管中,加入0.5mL的2%蒽酮试剂,再沿试管壁缓慢加入5mL浓硫酸,塞上塞子,摇匀,静置12min。在620nm波长下,测吸光度(OD)。按照公式(2-1)计算胡萝卜渣纤维素的含量:

$$Y = \frac{X \times A}{W} \times 100\% \tag{2-1}$$

式中:Y——胡萝卜渣纤维素含量(%);

X——标准曲线计算出的纤维素质量(g);

A——稀释倍数;

W——样品的干重(g)。

(2)得率。

胡萝卜渣纤维素的得率是指在纤维素提取过程中,得到的胡萝卜渣纤维素质量与胡萝卜渣质量的比值(百分率)。按照公式(2-2)计算胡萝卜渣纤维素的得率:

$$Y = \frac{m_1}{m_2} \times 100\% \tag{2-2}$$

式中:Y——胡萝卜渣纤维素得率;

m_1——胡萝卜渣纤维素(g);

m_2——胡萝卜渣(g)。

5.胡萝卜渣纤维素提取单因素试验设计

本试验采用碱液提取法提取胡萝卜渣纤维素(CPC),以胡萝卜渣纤维素含量和得率为指标,分别对提取液用量(5、10、15、20、25,v/w)、碱浓度(6、8、10、12、14,w/w)、提取时间(10、15、20、25、30,h)和提取温度(20、30、40、50、60,℃)对胡萝卜渣含量和得率的影响进行研究。单因素试验中,当对其中一个因素进行研究时,其余各因素的取值分别为15mL/g、10%、20h、40℃。

6.胡萝卜渣纤维素提取工艺条件的优化

以单因素试验为基础,对影响胡萝卜渣纤维素提取的主要因素进行二次回归正交旋转组合试验设计，试验因素为碱提取液用量（X_1）、碱浓度（X_2）、提取时间（X_3）和提取温度（X_4），胡萝卜渣纤维素含量（Y_1）和得率（Y_2）作为指标进行分析，试验因素水平、变化值及编码见表 2 – 1。采用 SAS 分析软件进行数据的处理，从中揭示各影响因素与胡萝卜渣纤维素含量和得率之间的内在规律性，并找出各因素的最优区域。

表 2 – 1　试验因素水平编码表

水平 X_i	因素			
	X_1（mL/g）	X_2（%）	X_3（h）	X_4（℃）
$-r=-2$	10	8	20.0	20
−1	12	9	22.5	30
0	14	10	25.0	40
1	16	11	27.5	50
$r=2$	18	12	30.0	60
Δ_j	2	1	2.5	10

7. 胡萝卜渣纤维素物化特性的测定

膳食纤维的持水力是指一定量纤维结合水的量；而膨胀力则是指在过量溶剂（通常是水）存在情况下，一定量纤维吸水膨胀后体积的变化与原质量的比值。由于膳食纤维具有多孔结构，表面积大，具有吸收小分子葡萄糖或延迟葡萄糖扩散的能力，直接影响到膳食纤维其应用。

（1）膨胀力（*Swelling Capacity*，*SWC*）。

取 0.1g 胡萝卜渣纤维素置于 25mL 的刻度试管中，记录胡萝卜渣纤维素体积，加入 10mL 的去离子水，充分摇匀，在室温下放置 24h，记录吸水后胡萝卜渣纤维素体积。按照公式（2 – 3）计算 *SWC*：

$$SWC = \frac{V_2 - V_1}{W} \tag{2-3}$$

式中：*SWC*——膨胀力（mL/g）；

V_1——胡萝卜渣纤维素的体积；

V_2——吸水后胡萝卜渣纤维素的体积；

W——胡萝卜渣纤维素的质量。

（2）持水力（*Water Holding Capacity*，*WHC*）。

将一定质量的胡萝卜渣纤维素，加入 10mL 去离子水，充分混匀，室温下静置

24h,2000r/min 离心 10min,弃上清,沉淀称重。按照公式(2－4)计算 WHC:

$$WHC = \frac{W_2 - W_1}{W_1} \tag{2-4}$$

式中:WHC——持水力(g/g);

W_1——胡萝卜渣纤维素的质量;

W_2——吸水后胡萝卜渣纤维素的质量。

(二)胡萝卜渣成分

不同种类果蔬渣中主要成分含量的结果见表2－2。

表2－2　果蔬渣中主要组成成分

种类	蛋白	脂肪	淀粉	果胶	灰分	其他	粗纤维
胡萝卜渣成分含量(%)	9.51	3.44	9.41	12.35	4.23%	10.82	50.24
甘薯渣成分含量(%)	5.26	2.84	44.74	—	2.84	20.01	27.40
苹果渣成分含量(%)	2.06	2.71	—	20.4	0.5	23.69	51.1
梨渣成分含量(%)	—	13.4	—	33.5	—	18.6	34.5
葡萄渣成分含量(%)	4.46	1.04	—	—	3.27	47.03	44.2

由表2－2可知,胡萝卜渣中含有较高的粗纤维(50.24%),较低的蛋白(9.51%)、淀粉(9.41%)、果胶(12.35%)和灰分(4.23%)。而且纤维含量高于甘薯渣、梨渣、桃渣和葡萄渣等果蔬渣(23.8%～44.4%),与苹果渣的粗纤维含量相近。研究表明相比其他的果蔬渣纤维,胡萝卜渣含量相对很高,是一种纤维素含量丰富的原料。

(三)提取单因素的试验

1.提取液用量对胡萝卜渣纤维素含量和得率的影响

碱浓度10%,提取时间为20h,提取温度为40℃,不同提取液用量对胡萝卜渣纤维素含量和得率的影响,结果见图2－2和图2－3。

由图2－2与图2－3可知,随着提取液用量的增加,胡萝卜渣纤维素含量提高,而胡萝卜渣纤维素得率降低。这是因为提取液的浓度增加,更多 NaOH 分子与胡萝卜渣接触,能够促使果胶、半纤维素和木质素等水解,使纤维素含量增加,而得率减小。当提取液用量为15～25mL/g 时,胡萝卜渣纤维素含量增幅降低,得率降幅升高,其值分别为88.91%～89.65%和37.43%～47.91%。

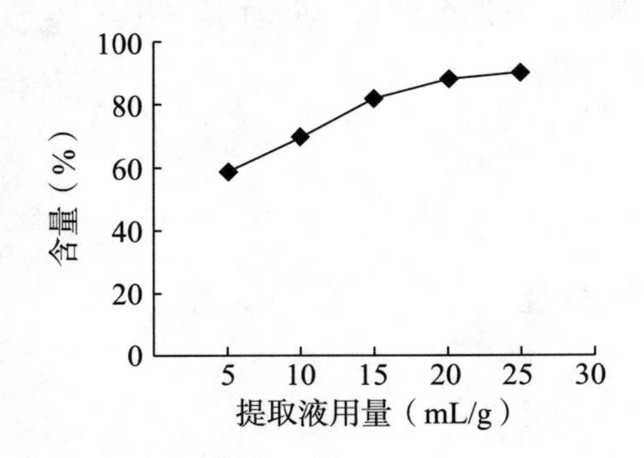

图 2－2　不同提取液用量下胡萝卜渣纤维素的含量

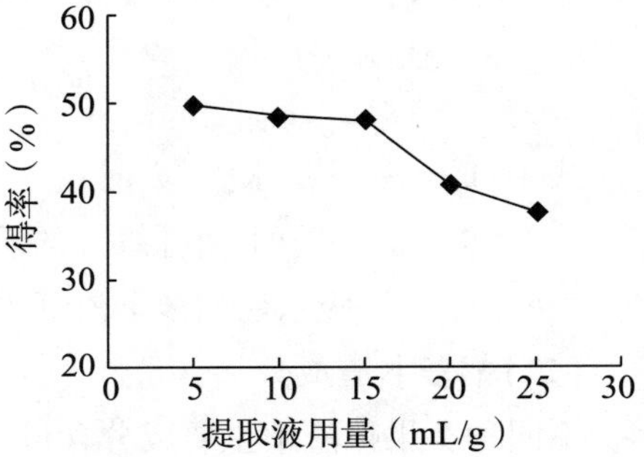

图 2－3　不同提取液用量下胡萝卜渣纤维素的得率

2. 碱浓度对胡萝卜渣纤维素含量和得率的影响

提取液用量 15mL/g，提取时间为 20h，提取温度为 40℃，不同碱浓度对胡萝卜渣纤维素含量和得率的影响，结果见图 2－4 和图 2－5。

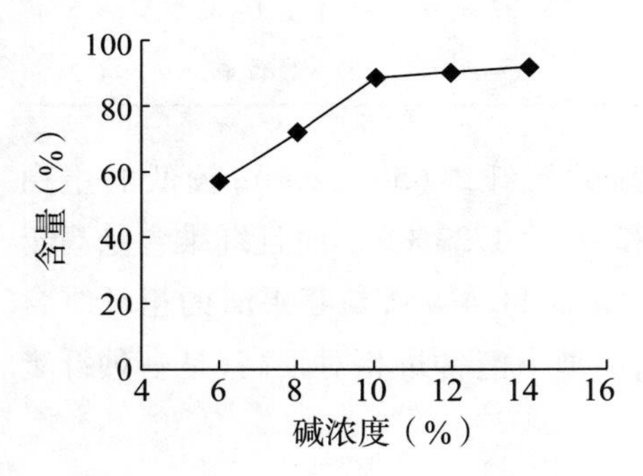

图 2－4　不同碱浓度下胡萝卜渣纤维素的含量

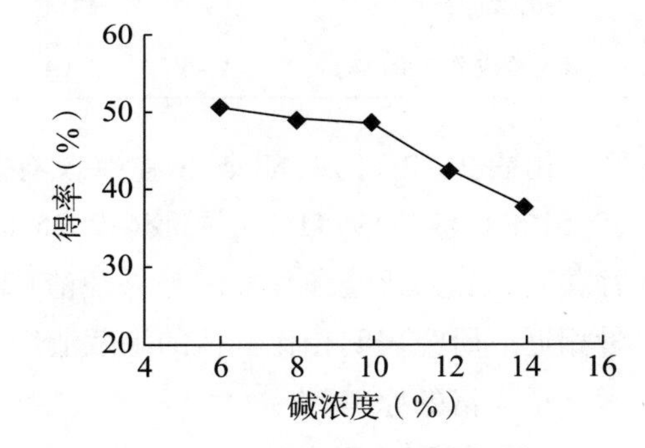

图 2－5　不同碱浓度下胡萝卜渣纤维素的得率

由图 2－4 与图 2－5 可知，随着碱浓度的增加，胡萝卜渣纤维素含量增加，而胡萝卜渣纤维素得率减小。这是因为 NaOH 浓度增加使纤维素致密结构变得更加松散，大量的果胶、木质素和其他成分中被释放出来。同时，释放出来物质进一步被碱液水解，纤维素纯化提高，纤维素含量增加，而得率减小。当碱浓度为 10%～14% 时，胡萝卜渣纤维素含量增幅降低，得率降幅升高，其值分别为 88.31%～91.02% 和 37.56%～48.63%。这是因为 NaOH 浓度过大，纤维素里的半纤维素、木质素和果胶已被分解，而再增加 NaOH 浓度，会有少量细小结构的胡萝卜渣纤维素被分解，导致纤维素含量变化不明显，而得率明显减小。

3. 提取时间对胡萝卜渣纤维素含量和得率的影响

提取液用量 15mL/g，碱浓度 10%，提取温度为 40℃，不同提取时间对胡萝卜渣纤维素含量和得率的影响，结果见图 2－6 和图 2－7。

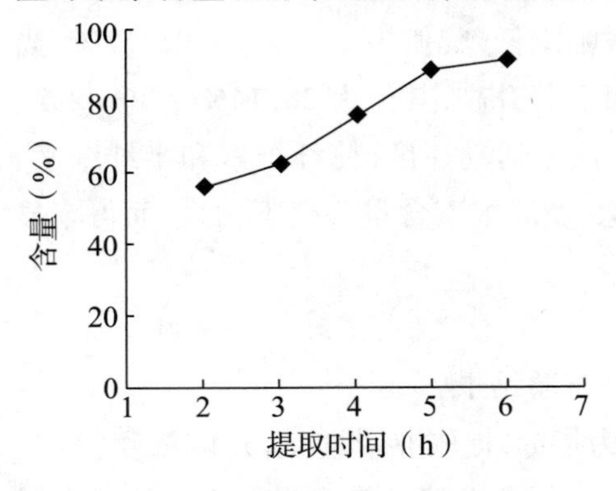

图 2－6　不同提取时间下胡萝卜渣纤维素的含量

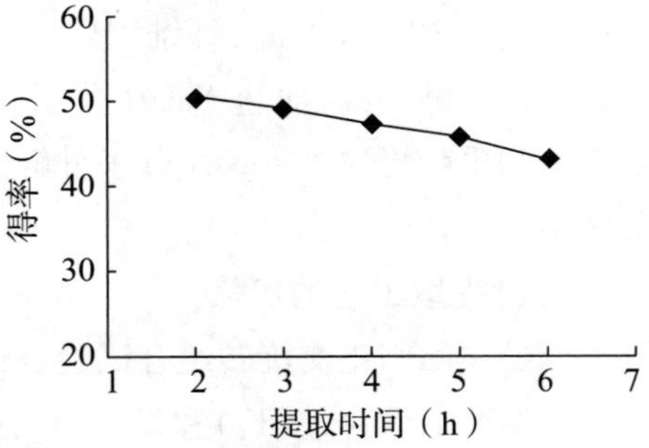

图 2－7　不同提取时间下胡萝卜渣纤维素的得率

由图 2－6 与图 2－7 可知，随着提取时间延长，胡萝卜渣纤维素含量增加，而胡萝卜渣纤维素得率减小。这是因为提取时间增加，NaOH 分子持续与胡萝卜渣反应，大量的半纤维素、木质素和果胶被水解清除，纤维素被纯化，使纤维素含量增加，而得率减小。当提取时间为 5h 时，胡萝卜渣纤维素含量增幅降低，其值分别为 75.91% ~91.25% 和 43.13% ~47.56%。

4. 提取温度对胡萝卜渣纤维素含量和得率的影响

提取液用量 15mL/g，碱浓度 10%，提取时间为 20h，不同提取温度对胡萝卜渣纤维素含量和得率的影响，结果见图 2－8 和图 2－9。

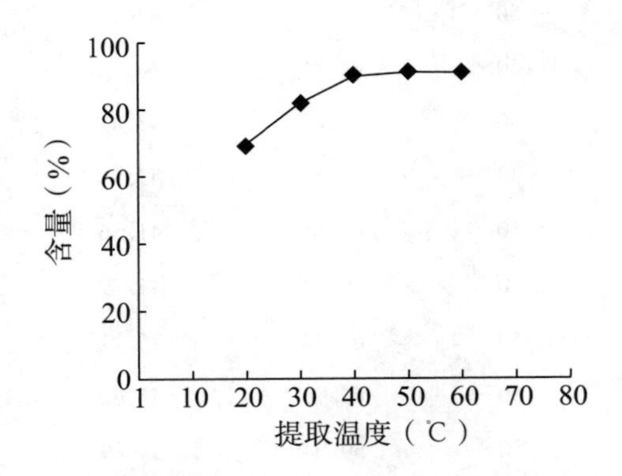

图 2－8　不同提取温度下胡萝卜渣纤维素的含量

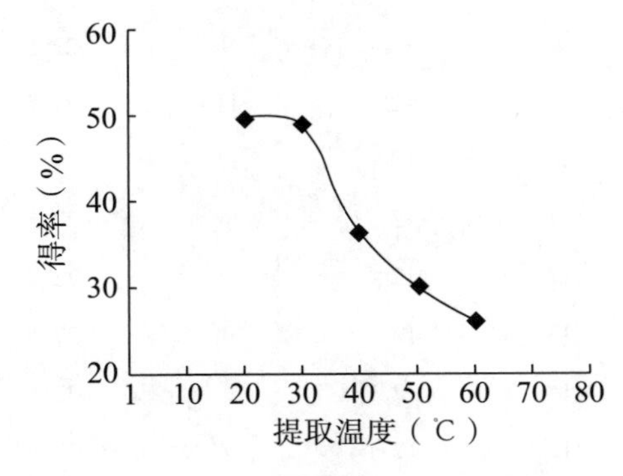

图 2－9　不同提取温度下胡萝卜渣纤维素的得率

由图2－8与图2－9可知，随着提取温度的增加，胡萝卜渣纤维素含量增加，而胡萝卜渣纤维素得率减小。这是因为温度增加使 NaOH 分子反应活力增强，促使半纤维素、木质素和果胶被从纤维素中清除，纤维素含量增加，而得率减小。当提取温度为40～60℃时，纤维素含量增幅降低，其值为90.32%～91.11%；当提取温度为30～60℃时，纤维素得率降幅显著升高，其值为26.14%～36.42%。这是因为温度增高，加速 NaOH 分子在溶液中运动速度，使纤维素和半纤维素、木质素和果胶更快被 NaOH 分子分解清除，使纤维素含量改变不明显，而得率显著减小。

（四）提取工艺的优化

1.二次回归正交旋转组合试验设计和试验结果

以胡萝卜渣含量（Y_1）和得率（Y_2）作为指标，提取液用量（X_1）、碱浓度（X_2）、提取时间（X_3）和提取温度（X_4）为试验因素，胡萝卜渣纤维素提取工艺的二次回归正交旋转组合试验设计及试验结果见表2－3。

表2－3　胡萝卜渣纤维素提取工艺优化试验设计及试验结果

处理	X_1	X_2	X_3	X_4	含量 Y_1/(%)	得率 Y_2/(%)
1	16	11	27.5	50	74.28	48.95
2	16	11	27.5	30	61.56	46.69
3	16	11	22.5	50	75.69	43.52
4	16	11	22.5	30	67.78	44.42
5	16	9	27.5	50	71.79	42.63
6	16	9	27.5	30	67.74	45.19
7	16	9	22.5	50	82.31	43.52
8	16	9	22.5	30	81.46	44.12
9	12	11	27.5	50	71.47	43.41
10	12	11	27.5	30	74.56	47.98
11	12	11	22.5	50	63.68	41.56
12	12	11	22.5	30	66.91	42.79
13	12	9	27.5	50	61.14	35.11
14	12	9	27.5	30	65.96	45.02
15	12	9	22.5	50	59.94	34.89
16	12	9	22.5	30	81.04	42.94

续表

处理	X_1	X_2	X_3	X_4	含量 Y_1/(%)	得率 Y_2/(%)
17	18	10	25.0	40	81.48	48.64
18	10	10	25.0	40	66.17	38.36
19	14	12	25.0	40	57.69	47.64
20	14	8	25.0	40	59.67	37.07
21	14	10	30.0	40	76.91	43.72
22	14	10	20.0	40	64.98	40.11
23	14	10	25.0	60	87.41	38.26
24	14	10	25.0	20	85.68	47.88
25	14	10	25.0	40	89.89	48.47
26	14	10	25.0	40	88.94	46.38
27	14	10	25.0	40	87.27	47.66
28	14	10	25.0	40	87.91	48.41
29	14	10	25.0	40	88.98	47.22
30	14	10	25.0	40	86.76	47.45
31	14	10	25.0	40	87.69	49.36
32	14	10	25.0	40	86.85	48.59
33	14	10	25.0	40	88.27	48.69
34	14	10	25.0	40	87.38	46.94
35	14	10	25.0	40	89.45	45.86
36	14	10	25.0	40	88.59	47.89

2. 方差分析及回归方程的建立

(1)含量 Y_1。

胡萝卜渣纤维素含量的二次回归模型方差分析结果见表2-4。

由表2-4可知,$F_{回} = 17.47 > F_{0.01}(14,20) = 3.07$,$P = 0.0001 < 0.01$,说明二次回归模型极显著;$F_{失} = 2.61 < F_{0.05}(10,11) = 2.86$,$P = 0.0659 > 0.05$,失拟项不显著;模型的决定系数 R^2 为0.9209,响应值变化有92.09%来源于自变量,预测值与实测值之间具有高度的相关性。由此可知,二次回归模型在显著水平时不失拟,回归模型与实际情况拟合性好,可以用此模型来分析和预测胡萝卜渣提取纤维素试验中纤维素的含量。

表2-4 胡萝卜渣纤维素含量的二次回归模型方差分析

变异来源	自由度	平方和	均方	F 比值	P
X_1	5	1164.342432	232.868486	14.25	<0.0001
X_2	5	2232.221340	446.444268	27.32	<0.0001
X_3	5	924.782865	184.956573	11.32	<0.0001
X_4	5	406.589448	81.317890	4.98	0.0037
一次项	4	245.574417	0.056600	3.76	0.0186
二次项	4	3018.367993	0.695600	46.18	<0.0001
交互项	6	731.996838	0.168700	7.47	0.0002
回归模型	14	3995.939247	0.920900	$F_{回}=17.47$	<0.0001
剩余项	21	343.150542	16.340502		
失拟项	10	241.296042	24.129604	$F_{失}=2.61$	0.0659
误差	11	101.854500	9.259500		
Y_1均值	76.410556				
标准误差	4.042339				
R^2	0.9209				
变异系数	5.2903				

注：$F_{0.05}(10,11)=2.86$，$F_{0.01}(14,21)=3.07$。

通过二次回归分析对试验数据进行回归拟合，确立胡萝卜渣纤维素含量的最优拟合二次多项式方程，胡萝卜渣纤维素含量回归方程系数结果见表2-5。

由表2-5可知，以胡萝卜渣纤维素含量为(Y_1)值，以提取液用量(X_1)、碱浓度(X_2)、提取时间(X_3)和提取温度(X_4)的编码值为自变量的四元二次回归方程为：

$Y_1=-1140.020937+47.238854X_1+130.067708X_2+150.052917X_3-6.777021X_4-0.981589X_1^2-1.175937X_2X_1-7.662604X_2^2-2.783125X_3X_1+5.47875X_3X_2-17.885417X_3^2+0.187094X_4X_1+0.290187X_4X_2+0.319125X_4X_3-0.004464X_4^2$。

表2-5 胡萝卜渣纤维素含量的二次回归模型系数及显著性分析

变异来源	自由度	估值	标准误差	t 值	$P>\|t\|$
常数	1	-1140.020937	189.370283	-6.02	<0.0001
X_1	1	47.238854	8.963303	5.27	<0.0001
X_2	1	130.067708	19.324817	6.73	<0.0001

续表

变异来源	自由度	估值	标准误差	t 值	$P > \|t\|$
X_3	1	150.052917	38.649634	3.88	0.0009
X_4	1	-6.777021	1.696057	-4.00	0.0007
X_1^2	1	-0.981589	0.178648	-5.49	<0.0001
X_2X_1	1	-1.175937	0.505292	-2.33	0.0300
X_2^2	1	-7.662604	0.714591	-10.72	<0.0001
X_3X_1	1	-2.783125	1.010585	-2.75	0.0119
X_3X_2	1	5.47875	2.021169	2.71	0.0131
X_3^2	1	-17.885417	2.858365	-6.26	<0.0001
X_4X_1	1	0.187094	0.050529	3.70	0.0013
X_4X_2	1	0.290187	0.101058	2.87	0.0091
X_4X_3	1	0.319125	0.202117	1.58	0.1293
X_4^2	1	-0.004464	0.007146	-0.62	0.5389

(2)得率 Y_2。

胡萝卜渣纤维素得率的二次回归模型方差分析结果见表2-6。

由表2-6可知，$F_{回} = 20.76 > F_{0.01}(14,20) = 3.07$，$P = 0.0001 < 0.01$，说明二次回归模型极显著；$F_{失} = 2.50 < F_{0.05}(10,11) = 2.86$，$P = 0.074 > 0.05$，失拟项不显著；模型的相关系数 R^2 为0.933，响应值变化有93.3%来源于自变量，预测值与实测值之间具有高度的相关性。由此可知，二次回归模型在显著水平时不失拟，回归模型与实际情况拟合性好，可以用此模型来分析和预测胡萝卜渣提取纤维素试验中纤维素的得率。

表2-6　胡萝卜渣纤维素得率的二次回归模型方差分析

变异来源	自由度	平方和	均方	F 比值	P
X_1	5	153.57281	30.71456	16.92	<0.0001
X_2	5	174.76376	34.95275	19.25	<0.0001
X_3	5	94.54833	18.90967	10.41	<0.0001
X_4	5	168.83528	33.76706	18.6	<0.0001
一次项	4	288.49688	0.5097	39.72	<0.0001
二次项	4	175.4460	0.31	24.16	<0.0001
交互项	6	63.8887	0.113	5.86	0.001

续表

变异来源	自由度	平方和	均方	F 比值	P
回归模型	14	527.83151	0.933	$F_{回}=20.76$	<0.0001
剩余项	21	38.12919	1.81568		
失拟项	10	26.49073	2.64907	$F_{失}=2.5$	0.074
误差	11	11.63847	1.05804		
Y_2均值	44.64833				
标准误差	1.34747				
R^2	0.9326				
变异系数	3.018				

注：$F_{0.05}(10,11)=2.86$，$F_{0.01}(14,21)=3.07$。

通过二次回归分析对试验数据进行回归拟合，确立胡萝卜渣纤维素得率的最优拟合二次多项式方程。胡萝卜渣纤维素得率回归方程系数见表2-7。

由表2-7可知，以胡萝卜渣纤维素得率为(Y_2)值，以提取液用量(X_1)、碱浓度(X_2)、提取时间(X_3)和提取温度(X_4)的编码值为自变量的四元二次回归方程为：

$$Y_2=-215.05396+8.42812X_1+19.3412X_2+44.36417X_3-1.08342X_4-0.24078X_1^2-0.30188X_2X_1-1.24938X_2^2-0.0913X_3X_1+1.533X_3X_2-5.438X_3^2+0.06863X_4X_1+0.1043X_4X_2-0.05X_4X_3-0.01071X_4^2$$。

表2-7 胡萝卜渣纤维素的得率二次回归模型系数及显著性分析

变异来源	自由度	估值	标准误差	t 值	P > |t|
常数	1	-215.053958	63.124548	-3.41	0.0027
X_1	1	8.428125	2.987821	2.82	0.0102
X_2	1	19.34125	6.44172	3.00	0.0068
X_3	1	44.364167	12.88344	3.44	0.0024
X_4	1	-1.083417	0.565362	-1.92	0.0690
X_1^2	1	-0.240781	0.059550	-4.04	0.0006
X_2X_1	1	-0.301875	0.168434	-1.79	0.0875
X_2^2	1	-1.249375	0.238201	-5.25	<0.0001
X_3X_1	1	-0.09125	0.336868	-0.27	0.7891

续表

变异来源	自由度	估值	标准误差	t 值	$P > \|t\|$
X_3X_2	1	1.5325	0.673735	2.27	0.0335
$X_3{}^2$	1	-5.4375	0.952805	-5.71	<0.0001
X_4X_1	1	0.068625	0.016843	4.07	0.0005
X_4X_2	1	0.10425	0.033687	3.09	0.0055
X_4X_3	1	-0.05	0.067374	-0.74	0.4662
$X_4{}^2$	1	-0.010706	0.002382	-4.49	0.0002

3. 胡萝卜渣纤维素的响应面分析

(1)含量 Y_1。

其他因素在中心水平时,提取液用量(X_1)与碱浓度(X_2)、提取液用量(X_1)与提取时间(X_3)、碱浓度(X_2)与提取时间(X_3)对胡萝卜渣纤维素含量(Y_1)的交互影响效应分别见图 2-10、图 2-11 和图 2-12。

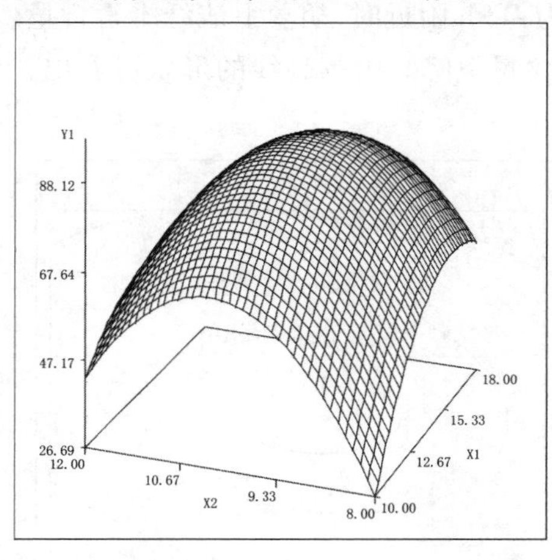

a-响应曲面

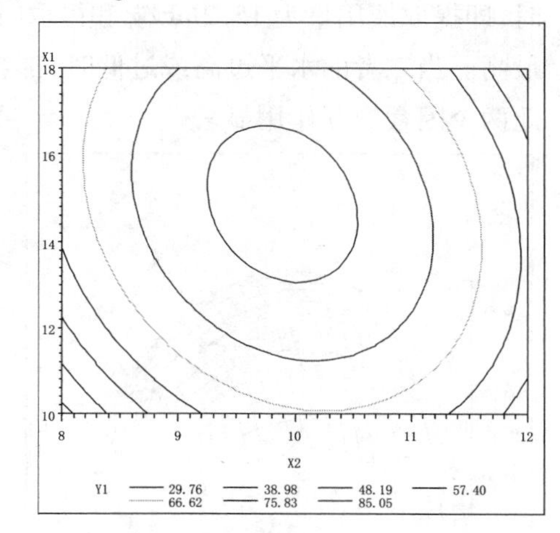

b-等高线

图 2-10 提取液用量与碱浓度对胡萝卜渣纤维素含量影响的响应曲面和等高线

由图 2-10 可知,提取液用量和碱浓度处于试验水平的中心点位置附近时,即提取液用量为 15.5mL/g 和碱浓度为 10% 附近时,胡萝卜渣纤维素含量最高。当二者的水平过高或过低时,都会使含量下降。由等高线的形状可看出,此两个因素交互作用显著。

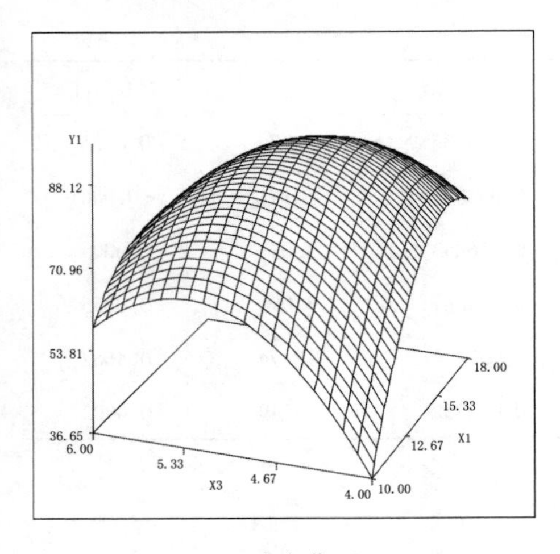

a－响应曲面

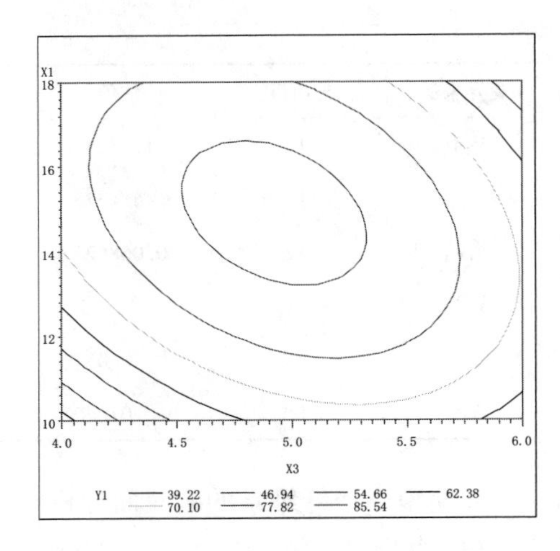

b－等高线

图2－11　提取液用量与提取时间对胡萝卜渣纤维素含量影响的响应曲面和等高线

由图2－11可知，提取液用量和提取时间处于试验水平的中心点位置附近时，即提取液用量为15.2mL/g和提取时间为4.9h附近时，胡萝卜渣纤维素含量最高。当二者的水平过高或过低时，都会使含量下降。由等高线的形状可看出，此两个因素交互作用显著。

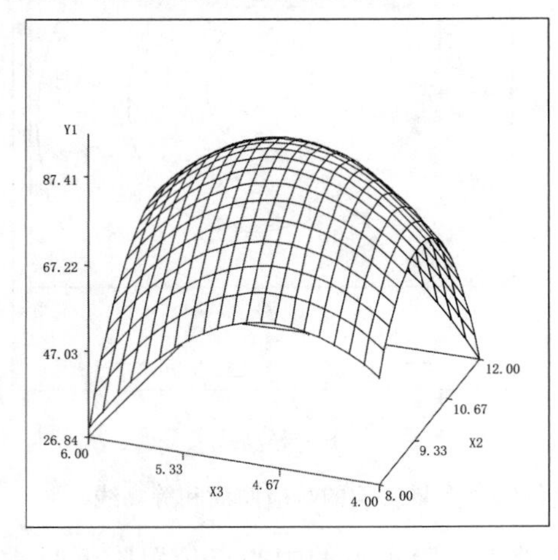

a－响应曲面

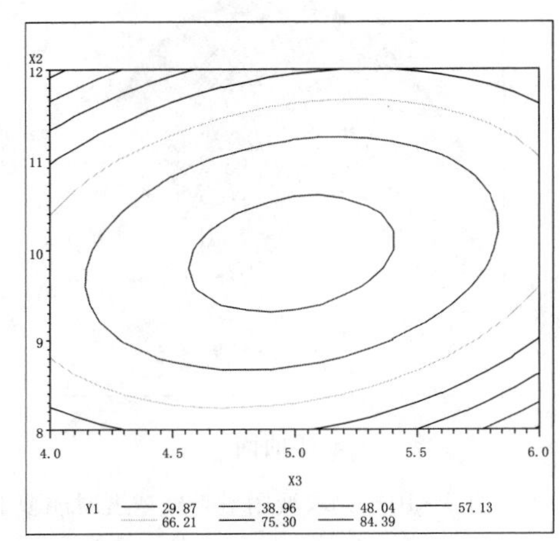

b－等高线

图2－12　碱浓度与提取时间对胡萝卜渣纤维素含量影响的响应曲面和等高线

由图2－12可知，碱浓度和提取时间处于试验水平的中心点位置附近时，即碱浓度为10.3%和提取时间为5.1h附近时，胡萝卜渣纤维素含量最高。当二者的水平过高或过低时，都会使含量下降。由等高线的形状可看出，此两个因素交互作用显著。

(2)得率 Y_2。

其他因素在中心水平时，提取液用量(X_1)与提取温度(X_4)、碱浓度(X_2)与提取时间(X_3)、碱浓度(X_2)与提取温度(X_4)对胡萝卜渣纤维素得率(Y_2)的交互影响效应分别见图2-13、图2-14和图2-15。

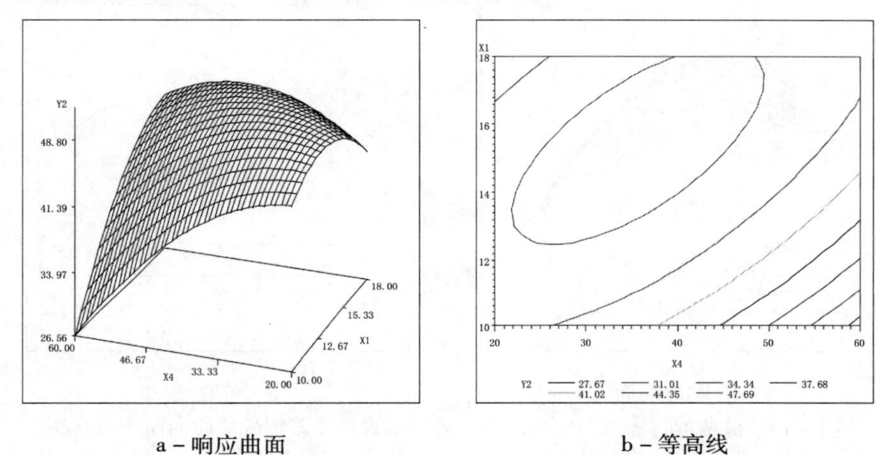

a-响应曲面 b-等高线

图2-13 提取液用量与提取温度对胡萝卜渣纤维素得率影响的响应曲面和等高线

由图2-13可知，提取液用量和提取温度处于试验水平的中心点位置附近时，即提取液用量为15.5mL/g和提取温度为38.9℃附近时，胡萝卜渣纤维素得率最高。当二者的水平过高或过低时，都会使得率下降。由等高线的形状可看出，此两个因素交互作用显著。

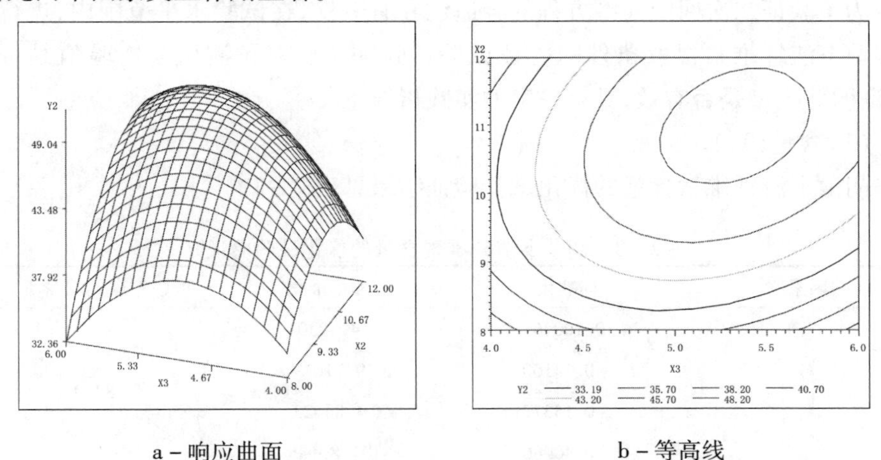

a-响应曲面 b-等高线

图2-14 碱浓度与提取时间对胡萝卜渣纤维素得率影响的响应曲面和等高线

由图2-14可知，碱浓度和提取时间处于试验水平的中心点位置附近时，即碱浓度为11.8%和提取时间为5.4h附近时，胡萝卜渣纤维素得率最高。当二者的水平过高或过低时，都会使得率下降。由等高线的形状可看出，此两个因素交互作用显著。

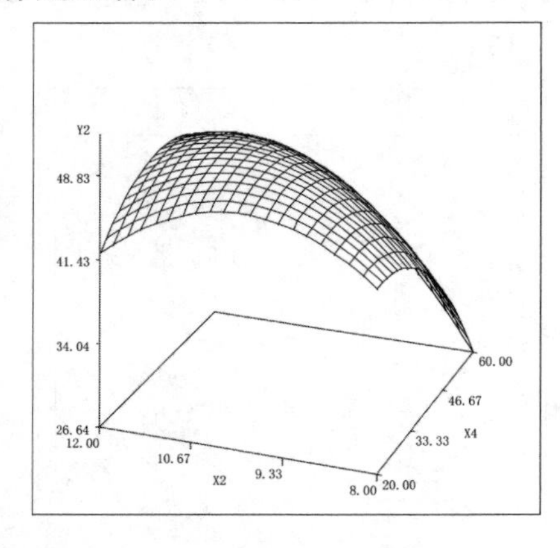

a-响应曲面

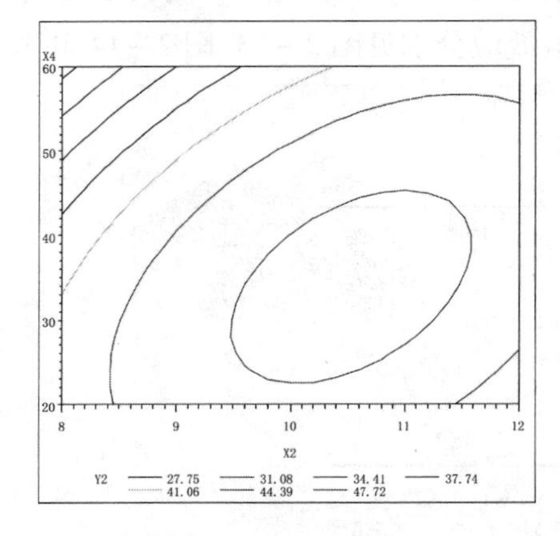

b-等高线

图2-15　碱浓度与提取温度对胡萝卜渣纤维素得率影响的响应曲面和等高线

由图2-15可知，碱浓度和提取温度处于试验水平的中心点位置附近时，即碱浓度为12.1%和提取温度为41.8℃附近时，胡萝卜渣纤维素得率最高。当二者的水平过高或过低时，都会使得率下降。由等高线的形状可看出，此两个因素交互作用显著。

4. 胡萝卜渣纤维素提取工艺优化及验证

为了验证二次回归模型方程的合适性和有效性，在试验水平范围内，进行最适胡萝卜渣纤维素提取条件的验证试验。验证试验对预测值与实验值是否接近，证明此模型是否有效，具有一定的实践指导意义。

(1)含量(Y_1)。

胡萝卜渣纤维素含量的优化试验验证结果见表2-8。

表2-8　胡萝卜渣纤维素含量的优化试验验证

因素	标准化	非标准化	含量 Y_1/(%)
X_1	0.10076	14.40304	87.91
X_2	-0.14160	9.71679	
X_3	-0.15377	4.84623	
X_4	-0.40966	31.80685	

由表2－8可知，回归模型存在稳定点，胡萝卜渣纤维素（CPC）含量（Y_1）的最大预测值为87.91%，此时四个因素水平分别为：提取液用量（X_1）为14.4 mL/g、碱浓度（X_2）为9.72%、提取时间（X_3）为4.84h和提取温度（X_4）为31.81℃。

（2）得率（Y_2）。

胡萝卜渣纤维素得率的优化试验验证结果见表2－9。

表2－9　胡萝卜渣纤维素得率的优化试验验证

因素	标准化	非标准化	得率 Y_2/（%）
X_1	0.29497	15.1799	49.51
X_2	0.36748	10.73496	
X_3	0.29031	5.29031	
X_4	－0.10180	37.96406	

由表2－9可知，回归模型存在稳定点，胡萝卜渣纤维素（CPC）得率（Y_2）的最大预测值为49.51%，此时四个因素水平分别为：提取液用量（X_1）为15.18 mL/g、碱浓度（X_2）为10.73%、提取时间（X_3）为5.29h和提取温度（X_4）为37.96℃。

（五）纤维素物化性能

在提取液用量为15.18mL/g、碱浓度为10.73%、提取时间为5.29h和提取温度为37.96℃的工艺条件下，制备的胡萝卜渣纤维素和其他果蔬渣纤维的理化性能见表2－10。

表2－10　果蔬渣纤维的理化性能

种类	膨胀力（mL/g）	持水力（g/g）	吸油性（g/g）
胡萝卜渣纤维素	9.87	3.97	—
柑橘渣纤维	9.2	4.87	—
苹果渣纤维	6.59～8.27	1.62～1.87	0.6～1.45
柠檬渣纤维	7.32～9.19	1.74～1.85	1.30～1.48
葡萄渣纤维	6.69～8.02	2.09～2.26	1.20～1.52

由表2－10可知，胡萝卜渣纤维素的物化性能要高于其他果蔬渣纤维，说明其具有高的活力。因此，可以广泛应用在膳食纤维食品、蔬菜纸和可食性包装材料中。

（六）小结

以胡萝卜渣为原料提取纤维素，采取单因素和二次回归正交旋转试验对提取液用量、碱浓度、提取时间和提取温度四个单因素工艺参数进行优化，得出以下结论：

（1）通过对胡萝卜渣成分的分析可知，胡萝卜渣中含有较高的粗纤维（50.24%），较低的蛋白（9.51%）、淀粉（9.41%）、果胶（12.35%）和灰分（4.23%）。相比其他的果蔬渣纤维含量，胡萝卜渣相对很高，是一种纤维素含量丰富的原料。

（2）单因素试验结果发现：随着提取液用量、碱浓度、提取时间和提取温度增加，胡萝卜渣纤维素的含量增加而得率减小。因为提取过程中 NaOH 与胡萝卜渣反应越强，纤维素致密结构越易变得松散，大量的果胶、木质素和其他成分被释放出来，释放出来物质进一步被碱液水解，纤维素纯化提高，使纤维素含量增加，而得率减小。但当达到最适提取条件时，反应就会趋于平缓，胡萝卜渣纤维素的含量和得率变化幅度减小。

（3）以胡萝卜渣纤维素含量（Y_1）为指标，用响应面分析法确定四个因素的最佳工艺参数为：提取液用量（X_1）为 14.4mL/g、碱浓度（X_2）为 9.72%、提取时间（X_3）为 4.84h 和提取温度（X_4）为 31.81℃。

（4）以胡萝卜渣纤维素得率（Y_2）为指标，用响应面分析法确定四个因素的最佳工艺参数为：提取液用量（X_1）为 15.18mL/g、碱浓度（X_2）为 10.73%、提取时间（X_3）为 5.29h 和提取温度（X_4）为 37.96℃。

（5）通过对胡萝卜渣纤维素的物化性能的分析，以及与其他果蔬渣纤维的对比发现，胡萝卜渣纤维素是一种具有高活力的纤维素产品，它的膨胀力和持水力分别为 9.87mL/g、3.97g/g。

第三章 果蔬纤维改性的研究

许多天然存在果蔬纤维资源中不溶性膳食纤维所占比例都很大，为96%～97%，而果蔬渣中的不溶性膳食纤维含量则达到99%～100%。不溶性膳食纤维的加工性能和生理功能都与其持水力、膨胀率和黏度等物理性质有密切的联系。不溶性膳食纤维的物理性质与其化学结构及其多相网状结构有关，网状结构中有无定形区与结晶区，也有亲水区和疏水区，网状结构的维持依赖于不同强度的化学键及物理作用。为此，近年来很多学者一直致力于不溶性膳食纤维改性研究，目的是使不溶性膳食纤维中大分子组分连接键断裂，转变成小分子成分，使部分不溶性成分转变成可溶性成分，而水溶性膳食纤维比水不溶性膳食纤维具有更好的吸水性，能充分发挥膳食纤维生理功能。目前，果蔬纤维有4种改性方法：①化学改性方法；②生物改性方法；③物理改性方法；④多种方法相结合。其中，多种方法配合处理，可以提高膳食纤维产品质量、产量以及改性效率。

第一节 果蔬纤维化学改性

物理改性纤维素能够调节体系的流变性质、水化作用及组织特性。因此，纤维素粉、微晶纤维素和纳米纤维起着重要的填充作用。

一、纤维素粉

由纤维素经漂白处理和机械分散后精制而成。从密实的、自由流动的粉状至粗糙的、不流动的物质。不溶于水、稀酸和几乎所有的有机溶剂。微溶于氢氧化钠溶液和热的干酪素钠液中。具有亲水亲油性，能在水中胀润，并带负电。同时因其具有环境友好、可再生等特点，被广泛地应用于医药卫生、食品饮料、轻化工等。罗素娟等以甘蔗渣为原料，硝酸处理脱除木质素、脱色等工艺制得甘蔗渣纤维素粉，产品的纤维素含量达到90%，持水力、膨胀力分别达到7.8g/g、8.3 mL/g。Chauvelon 等采用将两种农业废弃物麦麸和玉米糠为原材料，除去木质素等杂质制备纤维素粉，纤维素粉被月桂酰氯酯化生产可降解生物材料，分析纤维的含量、平均聚合度和结晶度。结果表明，其纤维素含量直接影响生产的材料的理化性能。邬建国和曹勇使用甘蔗渣纤维和生物降解树脂制备了绿色复合材料，分析了甘蔗渣纤维的碱处理对其绿色复合材料的影响，研究了纤维质量分数和长度对材料弯曲模量的影响，并探讨了利用剪滞修正模型对材料弯曲模量的预测。在纤维的处理过程中，半纤维素因与碱溶液反应而被去除，纤维束出现分解细化，纤维的直径变小，纤维表面得到改善；处理后纤维的拉伸强度以及长径比、力学性能、拉伸强度、弯曲强度以及冲击强度得到了提高；扫描电镜图像观察表明，成型前纤维呈现蜂窝状结构，在成型后受到压缩而形成新的致密结构。

二、羧甲基纤维素

化学方法是采用酸碱等化学试剂，使纤维素结构内部的糖苷键断裂产生具有还原性末端的纤维素和非消化性的可溶性多糖，改性后纤维素具有流变性、乳化性、泡沫稳定性、控制冰晶形成和增长以及结合水的能力。Park 等对全麦大麦膳食纤维（DF）进行化学改性得到交联 DF、羧甲基 DF 和羟丙基 DF，并研究化学改性对小麦淀粉理化性质及其对体外消化率的影响。羧甲基化使可溶性 DF 显著增加（1.17% ~6.20%），但不溶性 DF 含量略有下降。大麦 DF 的化学修饰使阿拉伯糖（7.1% ~11.5%）和木糖（10.7% ~17.5%）含量增加，但葡萄糖含量下降（67.4% ~79.9%）。同时，有效地提高了水化性能（如水溶性、膨胀力和吸水指数）。与对照淀粉相比，5% 小麦淀粉与改性 DF 相比，降低了体外消化率。因此，羧甲基纤维是重要的变性纤维之一，用途广泛。谢文伟等采用三次醚化法，并加入双氧水活化，由甘蔗渣纤维在乙醇溶液中制备了取代度（DS）可达 1.3 的羧甲基纤维素（CMC），考察了各种因素对取代度的影响。张锐利以甜菜粕为原料，用乙醇溶剂法制备了甜菜粕羧甲基纤维钠，研究了一氯乙酸、氢氧化钠、反应时间、反应温度、乙醇浓度等因素对反应的影响。以取代度为目标，用正交实验方法确定了最佳工艺条件，制得较高取代度 CMC。

三、微晶纤维素

微晶纤维素（Microcrystalline Cellulose，MCC），主要成分为以 $\beta-1,4-$葡萄糖苷键结合的直链式多糖类物质。聚合度为 3000 ~10000 个葡萄糖分子。在一般植物纤维中，微晶纤维素约占 73%，另 30% 为无定形纤维素。微晶纤维素是一种纯化的、部分解聚的纤维素，白色、无臭和无味，由多孔微粒组成的结晶粉末。近年来，微晶纤维素广泛应用于制药、化妆品、食品等行业，不同的微粒大小和含水量有不同的特征和应用范围。

目前，微晶纤维素的生产主要采用棉、木浆粕为原料，其他原料制备微晶纤维素的研究还比较少。而膳食纤维具有独特的物化性质，是非常适合作为微晶纤维素加工的原材料。Ejikeme 将柑橘中果皮干燥、粉碎，然后在80℃下用2%氢氧化钠消化3h，再使用盐酸制备 α – 纤维素和微晶纤维素。结果表明，从柑橘中果皮中提取 α – 纤维素的产率为62.5%，微晶纤维素的产率为25.3%。其中，微晶纤维素的含水量为0.18%，灰分为0.035%，pH 值为6.61，水化能力为2.916，具有较好的吸水特性。Collazo – Bigliardi 等从咖啡壳中提取的纤维素材料，对其进行了碱处理、漂白处理和硫酸水解制备微晶纤维素（MCC）和纤维素纳米晶（CNC），并对其能力进行了分析。两种材料的结晶度和热稳定性随着纤维素化合物的富集而增加，具有良好的补强性能。Abu – Thabit 等研究了椰枣籽微晶纤维素制备工艺和结构表征。通过脱蜡、脱木质素、漂白和酸水解等工艺过程从椰枣籽中制备微晶纤维素（MCC – DS）。研究表明椰枣籽纤维素（B – DS）的 X 射线衍射图显示了天然纤维素（I 型）的特征峰，结晶度指数（CrI = 62%）；酸水解后微晶纤维素的结晶度较高（CrI = 70%）。SEM 分析表明，所制备的微晶纤维素具有团聚、不规则的细长或半球形形貌。TEM 分析证实了 MCC – DS 的半结晶性质。而热分析表明 MCC – DS 的热稳定性增强。因此，利用椰枣籽作为一种低价格来源获得微晶纤维素是可行的。Hua 等利用 10% 过氧化氢和 20% 甲酸从红麻韧皮芯提取纤维素，再用盐酸在80℃下水解，得到微晶纤维素（MCC）。制备纤维素和微晶纤维素的得率分别为71.81%和94.8%。FESEM、FT – IR 光谱峰和 XRD 分析表明，纤维素和微晶纤维素的平均直径分别为12.43μm 和11.64μm，结晶度指数分别提高到60.5%和62.3%，大多数半纤维素和木质素被消除。

以盐酸和硫酸为水解剂的稀酸水解技术，是目前最为常用的微粉化方法。适当的酸解使纤维素分子中的1,4 – 葡萄糖苷键断裂，聚合度迅速降低，并可达到一个极限值称平衡聚合度（LODP）。这一过程中，纤维素分子内结构疏松的无定形区首先遭受破坏，使之发生重取向而呈现更为有序的状态，从而使纤维素材料微粉化，甚至微晶化。微晶纤维素生产与应用的发展已达到相当可观的规模。目前，国内外以各种商品名称销售的微晶纤维素系列产品，广泛地应用于医药卫生、食品饮料、轻化工等。潘松汉等研究了各种纤维素材料及不同酸浓度水解制成的微晶纤维素的聚合度,并用X射线衍射法研究结晶度、结晶形态、晶粒尺寸和颗粒大小;用透射电镜(TEM)观察颗粒形状和大小,发现不同纤维素材料达到平衡聚合度(LODP)的盐酸浓度略有不同;在酸水解过程中纤维素的结晶形态、晶粒尺寸和颗粒大小基本不变,而且用X射线衍射及TEM测出的颗粒不是纤维素晶粒,而是微原纤维。侯永发等研究了木素含量为0.2% ~1.2%的山杨和速生杨漂白浆和未漂浆的水解降解过程。研究结果表明,该过程与先前已研究过的其他种类的木浆具有相类似的特点,即水解过程存在两个明显的阶段(快速降解阶段和缓慢降解阶段),最终纤维素降解至“极限”聚合度。山杨硫酸未漂浆聚合度分别为206和135;氧碱法山杨浆为160;速生杨硫酸盐未漂浆和漂白浆分别为250和240。水解后试样呈白色粉末状,得率82% ~85%。近年来,研究人员除了采用浓酸制备MCC外,一些极性溶剂也被广泛使用。Duchemin研究用8.0% LiCl/DMAc溶解体系溶解全纤维素材料制备MCC粉,通过X射线衍射和核磁共振分析MCC分子结构性能。通过取代和破坏纤维素氢键使无定形态向纤维素结晶态转化,MCC分子纤维素Ⅰ型的无定形态和结晶态共同存在,并未发现纤维素Ⅱ型。MCC制备工艺:溶解时间为1 ~48h,溶剂质量为<15%。同时,将其沉淀生成MCC凝胶。在真空下制备0.2 ~0.3mm厚的膜,用X射线衍射测定膜的结晶尺寸,并且用扫描电镜观测膜拉伸时断裂面的形态。MCC在膜液分散过程中,它被均匀的分散,并且结晶度降低。MCC制备过程中沉淀条件、全纤维素含量和溶解时间影响膜的机械性能和形态,而沉淀条件对膜的机械性能影响最显著。MCC分布不均匀使膜的延展性能降低,但膜的拉伸强度高达106MPa。

四、纳米纤维

由于纤维是大分子颗粒物质,普通的超细粉碎细化加工方法,颗粒一般在微米以上。而经纳米处理后,颗粒一般在微米以下,甚至小到几十纳米。将纤维超微细化后,其理化特性发生显著提高,成为一种高活性纤维,广泛地应用于医药卫生、食品饮料、轻化工等。Sehaqui等以废纸浆废渣为原料,采用先用化学试剂醚化反应再结合机械改性方法,制备了含3种不同基团的纳米纤维(CNF)。通过电导和热重等分析检测CNF对带负电污染物(氟化物、硝酸盐、磷酸盐和硫酸盐离子)的吸附及其选择性,CNF对这些离子的最大吸附量约为0.6mmol/g,CNF对多价离子(PO_4^{3-}和SO_4^{2-})比单价离子(F^-和NO_3^-)吸附性更好。Sirvio和Visanko对木质纤维素材料的化学改性生产纳米纤维素,先对木质纤维素进行羧基化，其产率高达90%以上；然后对羧基化木质纤维素进行脱质子化后，再用微流控技术制备了高负离子的木质纳米纤维。真空过滤后制备纳米纤维的力学性能良好，其表面电荷可调，显著扩大其应用范围，尤其在可持续的水净化方面具有许多潜在的用途。Wu 等用聚亚安酯处理 MCC 成功制备高强度的纳米纤维。结果表明，与未用聚亚胺酯处理的 MCC 相比，纳米纤维的应变力增加，导致其硬度和强度增加，最佳纤维素的用量为5%，而纳米纤维强度（257MPa）显著高于未用聚亚胺酯处理的 MCC（39MPa）；纳米纤维硬度、强度和应变力的增加，是纤维纳米颗粒和聚亚胺酯的共价键和氢键相互作用的结果。Iwamoto 等用高压均质和研磨粉碎两种方法制备纳米纤维。研磨粉碎处理的纤维素能达到纳米级，可以保持纳米纤维增强复合材料优良的光学性能。复合材料光学性能受粒径的影响，但高的纳米纤维含量（70%）仍能使复合材料保持好的透光性能。因为纳米纤维是半结晶态直链纤维结构，它的添加提高了热塑材料的热膨胀性和弯曲性。

五、果蔬纤维化学改性方法的应用

（一）化学改性方法试验设计

1. 胡萝卜渣微晶纤维素制备的工艺流程

胡萝卜渣微晶纤维素制备的工艺流程见图3-1。

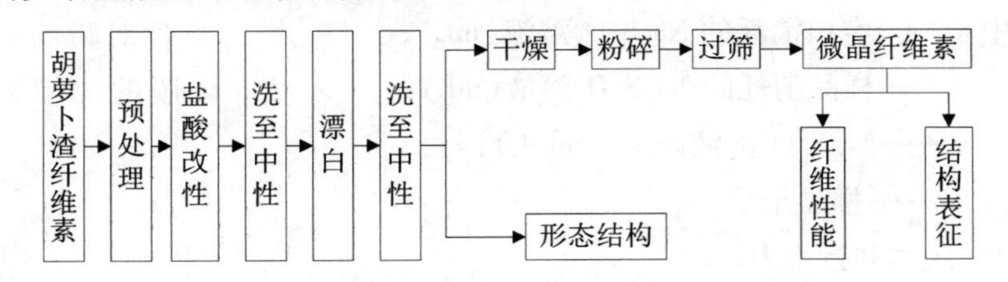

图3-1　胡萝卜渣微晶纤维素制备的工艺流程

2. 胡萝卜渣微晶纤维素性能的测定

（1）长度。

按照 GB/T 10336—2002，造纸纤维长度测定法测定纤维长度。

（2）粒径。

称取微晶纤维素，分别过100目、200目、400目、600目标准筛，振荡2min，称量截留粉粒，分别按公式（3-1）计算不同大小粉粒的含量：

$$Y = \frac{m_1}{m_2} \times 100\% \tag{3-1}$$

式中：Y——不同粒径微晶纤维素含量；

m_1——筛出微晶纤维素的质量；

m_2——截留微晶纤维素的质量。

(3)纤维素形态观察。

取微晶纤维素样品放入离心管内，加入去离子水，充分摇匀，将微晶纤维素均匀分散在水里。取少量微晶纤维素溶液，放入载玻璃片上，用显微镜下观察微晶纤维素形态，高分辨率彩色摄像头（松下470）采集图像。

(4)聚合度(DP)。

按照GB/T 1548—2016方法测定黏度。利用黏度与聚合度关系，计算出胡萝卜渣微晶纤维素的聚合度(*DP*)。

(5)可及度。

采用碘吸量法测定胡萝卜渣微晶纤维素的可及度。将0.5g干制样品，放入磨口密封棕色玻璃瓶中闭光，加入100mL碘液(0.1mol/L)，再加入100mL饱和硫酸钠溶液，混合均匀。置于摇床内，常温下摇动1h后取出过滤。取出滤液100mL，用标准硫代硫酸钠溶液(0.01mol/L)滴定，以1%淀粉溶液作指示剂，以同样操作进行空白试验。按公式(3-2)计算可及度：

$$\text{纤维素可及度} = \frac{(a-b)\times c\times 254}{2\times W} \tag{3-2}$$

式中：a——空白消耗的$Na_2S_2O_3$溶液(mL)；

b——样品消耗的$Na_2S_2O_3$溶液(mL)；

c——$Na_2S_2O_3$溶液浓度(mol/L)；

W——样品干重。

(6)膨胀力和持水力。

测定方法同第二章第二节果蔬纤维提取法。

(7)溶胀性。

称取2g样品，放入25mL具塞刻度试管中，测定样品的高度，加水10mL，振荡充分摇匀，每隔10min振摇1次，共振摇5次。静置48h后，测定溶胀后微晶纤维素样品高度，按公式(3-3)计算样品的溶胀体积比：

$$\text{溶胀体积} = \frac{h_2}{h_1} \tag{3-3}$$

式中：h_1——样品的高度；

h_2——溶胀后的样品高度。

(8)晶型。

取样品于显微镜下观测晶型。

(9)含量(Y_1)。

称取样品,分别200目标准筛,振荡2min,称量截留粉粒的质量,按公式(3-4)计算粉粒的含量:

$$Y_1 = \frac{m_1}{m_2} \times 100\% \quad (3-4)$$

式中:Y_1——粉粒的含量;

m_1——截留粉粒的质量;

m_2——微晶纤维素质量。

(10)得率(Y_2)。

微晶纤维素的得率是指在制备过程中,胡萝卜渣微晶纤维素质量占胡萝卜渣纤维素质量的百分含量,按公式(3-5)计算得率:

$$Y_2 = \frac{m_1}{m_2} \times 100\% \quad (3-5)$$

式中:Y_2——胡萝卜渣微晶纤维素得率;

m_1——胡萝卜渣微晶纤维素质量;

m_2——胡萝卜渣纤维素质量。

3. 胡萝卜渣微晶纤维素单因素试验设计

胡萝卜渣纤维素与盐酸按料液比1g: 10mL进行酸改性,盐酸浓度分别为2%、4%、6%、8%、10%,盐酸酸解时间分别为20min、40min、60min、80min、100min,盐酸酸解温度分别为20℃、40℃、60℃、80℃、100℃。盐酸酸解后,反复清洗至中性,过滤。在60℃下烘干,粉碎,过筛,获得胡萝卜渣微晶纤维素。

4. 胡萝卜渣微晶纤维素正交试验设计

在单因素试验基础上,以微晶纤维素达到平衡聚合度为水平设计依据,考察盐酸浓度(A)、盐酸酸解时间(B)和盐酸酸解温度(C)三个因素。进行$L_9(3^4)$正交试验设计(见表3-1),以胡萝卜渣微晶纤维素含量和得率为指标,优化出胡萝卜渣制备微晶纤维素工艺条件。

表3-1 正交试验设计表

因素	盐酸浓度(%)	盐酸酸解时间(min)	盐酸酸解温度(℃)	空列
	A	*B*	*C*	*D*
1	6	60	60	0
2	8	80	80	0
3	10	100	100	0

5. 胡萝卜渣微晶纤维素结构表征

(1)示差扫描量热分析(*Differential Scanning Calorimetry*, DSC)。

示差扫描量热法指在相同的程控温度变化下,用补偿器测量样品与参比物之间的温差保持为零所需热量对温度T的依赖关系,它能定量分析微晶纤维素的热行为。

胡萝卜渣微晶纤维素在50℃下烘干直至无重量变化,取20mg干制样品于铝盒中,以空铝盒为空白对照,氮气流速10mL/min,升温速率为10℃/min,扫描起始温度为10℃,升温至500℃,得DSC曲线图谱。

(2)扫描电子显微镜(*Scanning Electron Microscope*, SEM)

胡萝卜渣微晶纤维素在50℃温度下烘干直至无重量变化,将胡萝卜渣微晶纤维素用双面胶固定于不锈钢载物片上,真空镀金。取出样品置于电子显微镜的载物台上,观察样品表观形态结构。

(3)红外光谱(*Fourier Transform Infrared Spectroscopy*, FT-IR)。

红外光谱是物质分子振动时的光谱,包含了物质中极其丰富的分子结构信息。通过对物质的红外光谱进行分析,就可以分析物质中的分子结构,探索物质内部分子结构,本书利用红外吸收光谱来确认样品的化学结构变化。

胡萝卜渣微晶纤维素在50℃温度下烘干直至无重量变化,采用KBr压片法来制备粉末样品,采用傅立叶红外光谱仪对其进行红外分析,扫描范围为4000~400cm^{-1}。

(4)X射线衍射(*X-Ray Diffractometer*, X-ray)。

结晶度(0~100%)和微晶尺寸(2~100nm)是表征聚合物性质的重要参数,聚合物的一些物理性能和机械性能与其结晶度和微晶尺寸有着密切的关系。结晶度和微晶尺寸越大,晶区范围越大,其强度、硬度、刚度越高,密度越大,尺寸稳定性越好;同时耐热性和耐化学性也越好。但与链运动有关的性能如弹性、断裂伸长、抗冲击强度、溶胀度等降低,因而高分子材料结晶度的准确测定和描述对认识这种材料是很关键的。

胡萝卜渣微晶纤维素在50℃温度下烘干直至无重量变化,采用D8-ADVANCE型X光广角衍射仪记录X射线衍射图谱。测试条件为:CuK辐射,电压40kV,电流40mA;狭缝参数分别为DS狭缝2°、SS狭缝2°、RS狭缝0.3mm;Ni滤波器;连续扫描,扫描速度2°/min,步长0.1°。依据X射线衍射图谱,按照Sherrer法,按照公式(3-6)计算微晶尺寸和按照Turley法,按照公式(3-7)计算结晶度:

$$D = \frac{K \times \lambda}{B \times \cos\theta} \tag{3-6}$$

式中:D——结晶尺寸(10^{-10}m)。;

K——常数0.89;

λ——X衍射波长0.154;

B——半高宽;

θ——衍射角。

$$CrI = \frac{I_{002} - I_{am}}{I_{002}} \times 100\% \tag{3-7}$$

式中:CrI——结晶度(%);

I_{002}——(002)晶格衍射角的极大强度;

I_{am}——2θ角近于18°时非结晶背景衍射的散射强度;

B——半高宽;

θ——衍射角。

(二)化学改性单因素试验

1.盐酸对胡萝卜渣微晶纤维素数量平均长度和粒径的影响

研究表明,粒度主要决定于原料种类和水解条件。其中如水解强烈,微晶纤维素颗粒变为细小;反之,如果酸解较弱,微晶纤维素粒径较粗大。因此,根据微晶纤维素对粒径质量要求,选择合适改性工艺条件,是加工微晶纤维素的技术关键。

(1)盐酸浓度对胡萝卜渣微晶纤维素数量平均长度和粒径的影响。

盐酸酸解时间为60min,酸解温度为60℃,不同盐酸浓度对胡萝卜渣微晶纤维素数量平均长度和粒径的影响,结果见图3-2~图3-4。

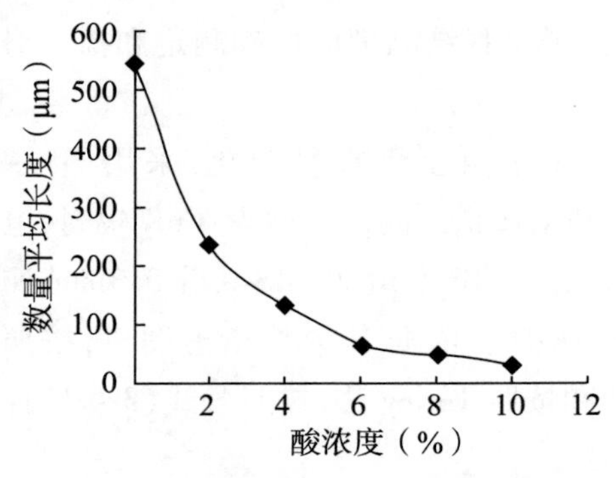

图 3－2　不同盐酸浓度下胡萝卜渣微晶纤维素的数量平均长度

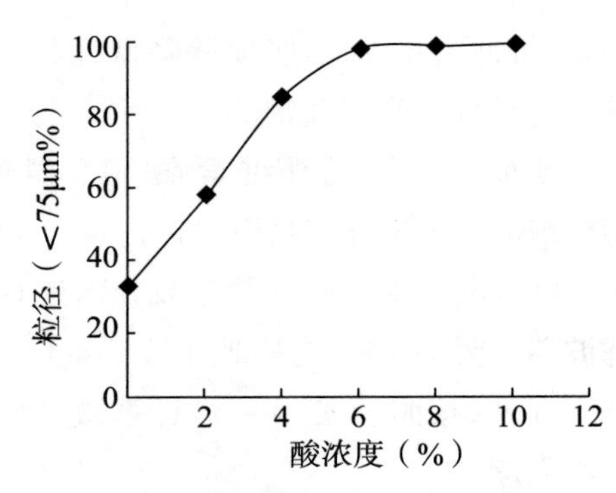

图 3－3　不同盐酸浓度下胡萝卜渣微晶纤维素的粒径

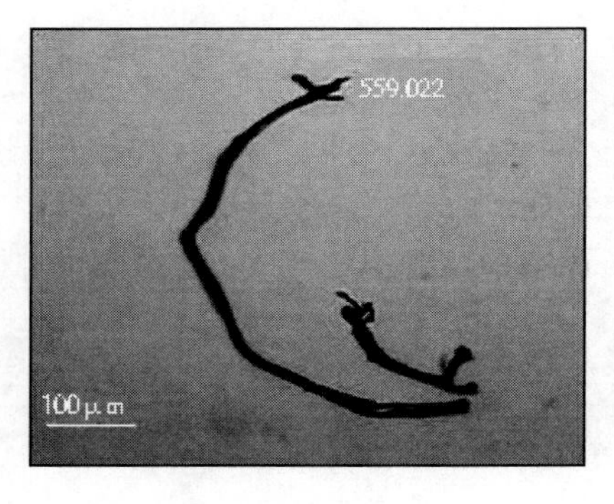

盐酸浓度 0(×200)

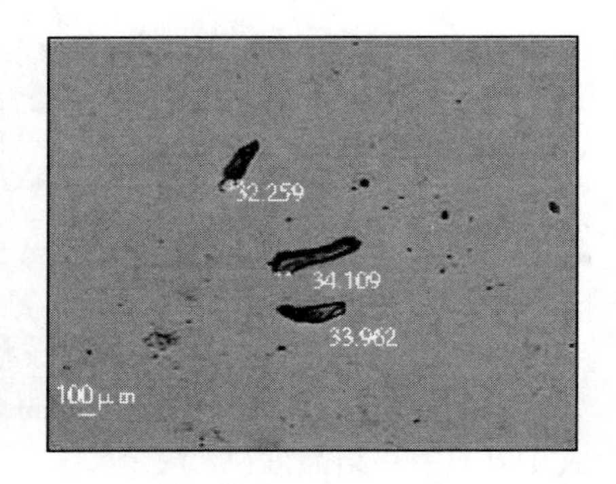

盐酸浓度 10%(×500)

图 3－4　不同盐酸浓度下胡萝卜渣微晶纤维素的形态图

由图 3－2 和图 3－3 可知,随着盐酸浓度的增加,胡萝卜渣微晶纤维素的长度增加,而粒径则减小。胡萝卜渣纤维素在盐酸的作用下,酸扩散至纤维素细胞壁内部,使纤维素结晶区间的半纤维素、木质素等能较好地溶解而除去。经酸解后的纤维素长度减小,粒径增加,同时纤维素的表面积明显提高。当酸浓度为6% ~10%时,长度和粒径变化趋于平缓,其值分别为 63 ~31μm 和 97.65% ~99.01%。

由图 3－4 可知,未处理的胡萝卜渣微晶纤维素,细长;酸浓度为 10% 时,形状粗短,柱形均匀,碎片较少,无弯曲;胡萝卜渣纤维素长度减小。这是因为纤维素经水解反应,纤维素形态发生了根本变化,由原先交织成网絮状的细长纤维素,变成了纺锤形的颗粒状物料。这与侯永发等对原浆纤维素和微晶纤维素颗粒形状和大小进行了显微观测测得的数量分布微分曲线结果相一致:在酸水解作用下,纤维素大分子的降解导致原浆纤维素的变化:山杨纤维长度减少 93.5% ~95%,速生杨纤维长度减少 85% ~88%,两种原浆纤维的宽度减少一半。

(2)盐酸酸解时间对胡萝卜渣微晶纤维素数量平均长度和粒径的影响。

盐酸浓度为6%,酸解温度为60℃,不同盐酸酸解时间对胡萝卜渣微晶纤维素数量平均长度和粒径的影响,结果见图3-5~图3-7。

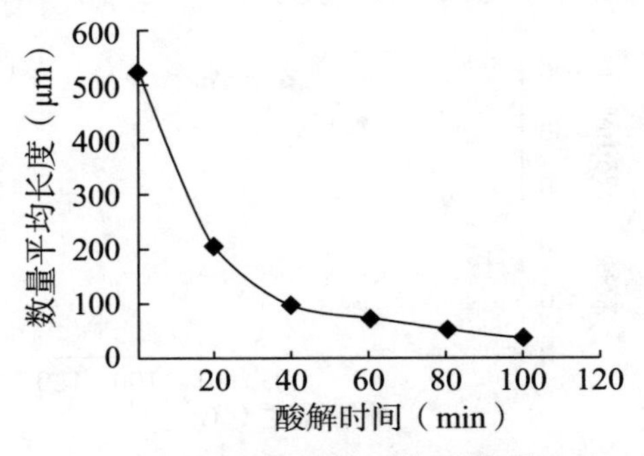

图3-5　不同盐酸酸解时间下胡萝卜渣微晶纤维素的数量平均长度

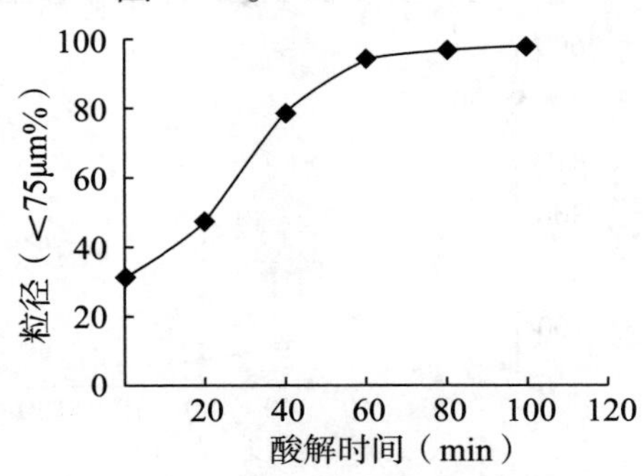

图3-6　不同盐酸酸解时间下胡萝卜渣微晶纤维素的粒径

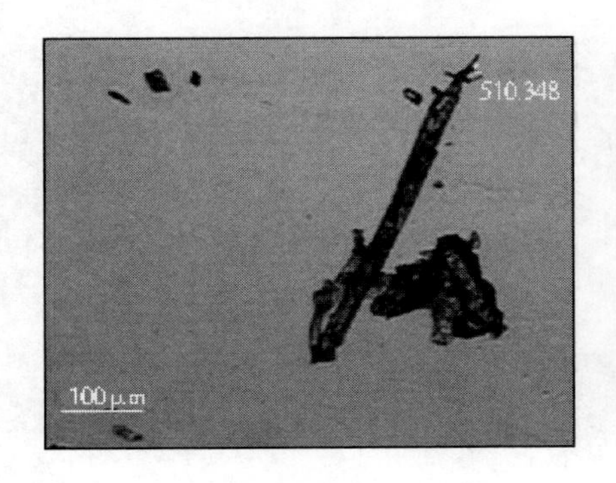

盐酸酸解时间0min(×200)

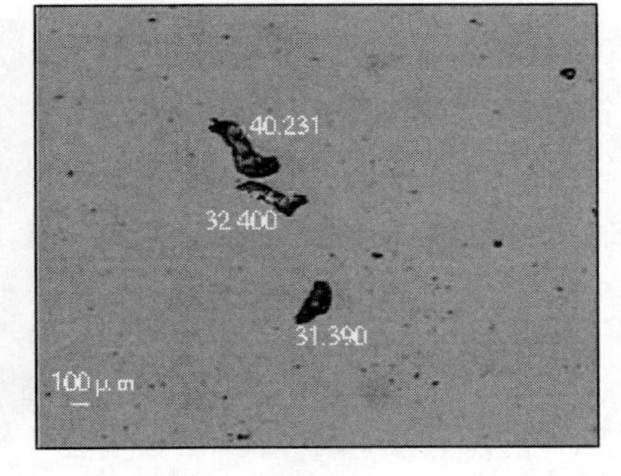

盐酸酸解时间100min(×500)

图3-7　不同盐酸酸解时间下胡萝卜渣微晶纤维素的形态图

由图3-5和图3-6可知,随着盐酸酸解时间的增加,胡萝卜渣微晶纤维素的长度增加和粒径减小。胡萝卜渣纤维素在盐酸的作用下,酸扩散至纤维素细胞壁内部,使纤维素结晶区间的半纤维素、木质素等能较好地溶解而除去。经酸解后的纤维素长度减小,粒径增加,同时纤维素的表面积明显提高。当酸解时间为60~100min时,长度和粒径变化趋于平缓,其值分别为36~73μm和93.87%~97.97%。

由图3-7可知,未处理的胡萝卜渣微晶纤维素,细长而卷曲;酸解时间100min时,柱形不均匀,碎片较多,无弯曲;胡萝卜渣纤维素长度减小。

(3)盐酸酸解温度对胡萝卜渣微晶纤维素数量平均长度和粒径的影响。

盐酸浓度为6%,酸解时间为60min,不同盐酸酸解温度对胡萝卜渣微晶纤维素数量平均长度和粒径的影响,结果见图3-8~图3-10。

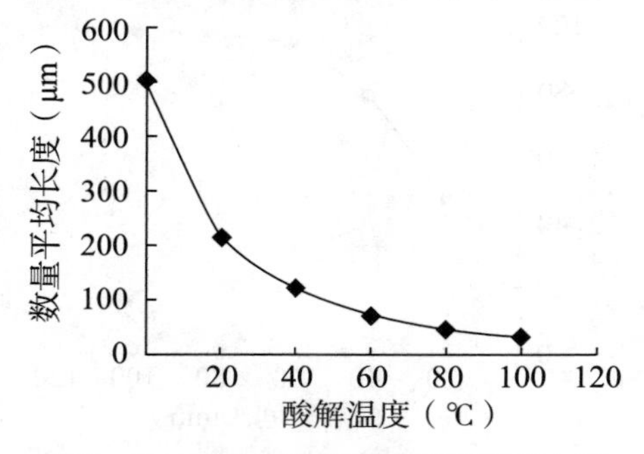

图3-8　不同盐酸酸解温度下胡萝卜渣微晶纤维素的数量平均长度

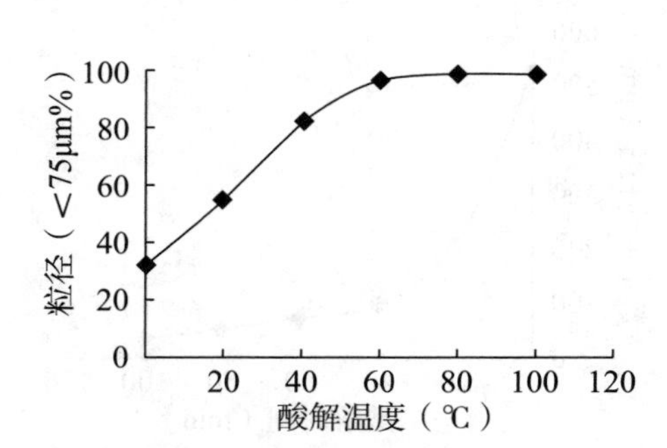

图3-9　不同盐酸酸解温度下胡萝卜渣微晶纤维素的粒径

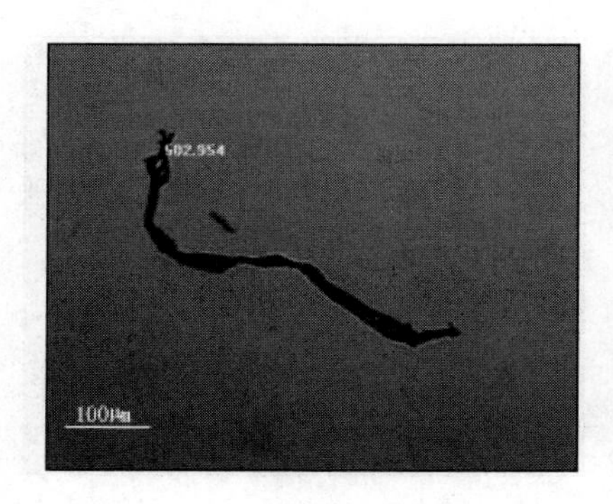

未处理(×200)

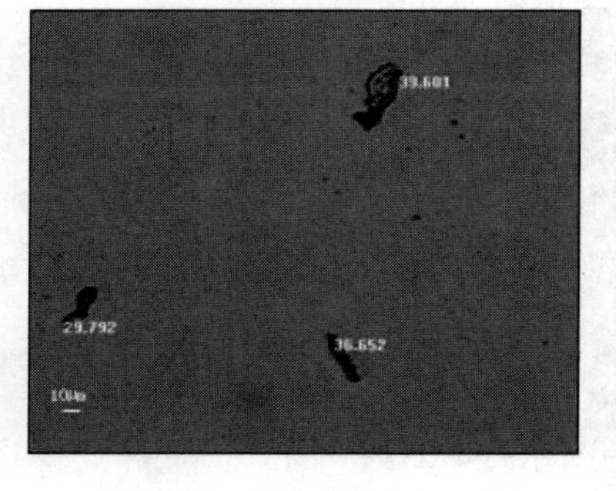

盐酸酸解温度100℃(×500)

图3-10　不同盐酸酸解温度下胡萝卜渣微晶纤维素的形态图

由图3-8和图3-9可知,随着盐酸酸解温度的增加,胡萝卜渣微晶纤维素的长度增加和粒径减小,胡萝卜渣纤维素在盐酸的作用下,酸扩散至纤维素细胞壁内部,使纤维素结晶区间的半纤维素、木质素等能较好地溶解而除去。经酸解后的纤维素长度减小,粒径增加,同时纤维素的表面积明显提高。当酸解时间为60~100℃时,长度和粒径变化趋于平缓,其值分别为34~68μm和96.45%~98.55%。

由图3-10可知,未处理的胡萝卜渣微晶纤维素,细长而卷曲;酸解温度100℃时,柱形不均匀,碎片较小,有弯曲形出现;胡萝卜渣纤维素长度减小。

2.盐酸对胡萝卜渣微晶纤维素聚合度和可及度的影响

(1)盐酸浓度对胡萝卜渣微晶纤维素聚合度和可及度的影响。

盐酸酸解时间为60min,酸解温度为60℃,不同盐酸浓度对胡萝卜渣微晶纤

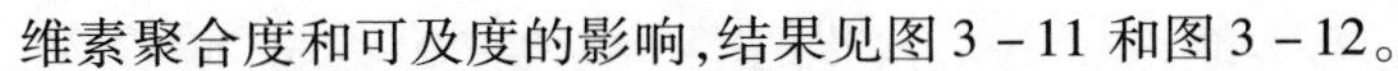
维素聚合度和可及度的影响，结果见图 3 - 11 和图 3 - 12。

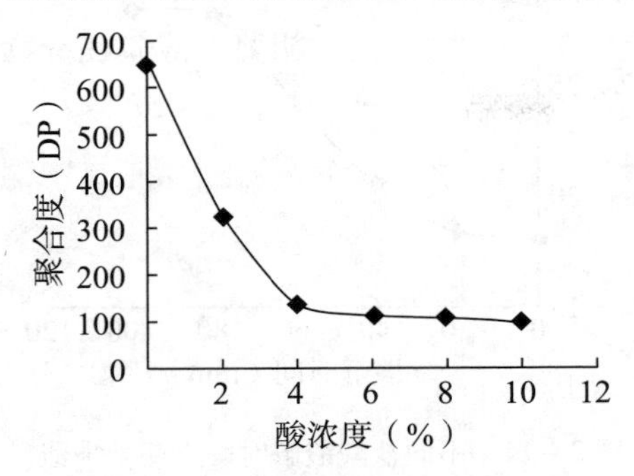

图 3 - 11　不同盐酸浓度下胡萝卜渣微晶纤维素的聚合度

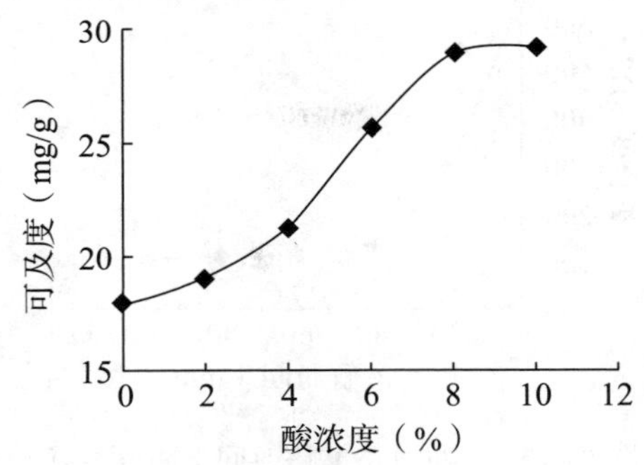

图 3 - 12　不同盐酸浓度下胡萝卜渣微晶纤维素的可及度

由图 3 - 11 可知，随着盐酸浓度的增加，胡萝卜渣微晶纤维素的聚合度减小。这是因为纤维素中糖苷键与酸作用后，在葡萄糖残基之间以氧原子连接的地方被逐渐水解为较小的分子。盐酸浓度越大，降低糖苷键断裂的活化能越强，其水解速度越快，产生新的还原末端，使微晶纤维素的聚合度减小。当盐酸浓度为 6% 时，水解达到平衡聚合度，已水解至微晶纤维素，继续增加酸浓度，聚合度变化不明显，其值为 115。其他研究证明这一结论，酸解使纤维素分子中的 1,4 - 葡萄糖苷键断裂，聚合度迅速降低，当达到一个极限值时生成的产品即为微晶纤维素。

由图 3 - 12 可知，随着盐酸浓度的增加，胡萝卜渣微晶纤维素的可及度增加。这是因为随酸浓度增加，更多的酸与纤维素反应，纤维素葡萄糖基环上游离羟基数目增多，而使纤维素羟基与其他高分子聚合以化学键结合更容易，反应物的可及度增加。当盐酸浓度 6% ~ 10%，可及度变化趋于平缓，其值为 28.91 ~ 29.16mg/g。这是因为微晶纤维素所具有的较高可及性，使与其他的高分子化合物反应、化学改性更容易，并能在较小液料比和较缓和条件下完成反应过程。其他研究证明这一结论，与纤维素相似，微晶纤维素不溶于水、稀酸、有机溶剂和油脂，在稀碱溶液中部分溶解、润胀。但与一般纤维素相比，虽然微晶纤维素有较高的结晶度，但在羧甲基化、乙酰化、酯化过程中，却反映出具有较高的反应性能，即可及性。

（2）盐酸酸解时间对胡萝卜渣微晶纤维素聚合度和可及度的影响。

盐酸浓度为 6%，酸解温度为 60℃，不同盐酸酸解时间对胡萝卜渣微晶纤维素聚合度和可及度的影响，结果见图 3 - 13 和图 3 - 14。

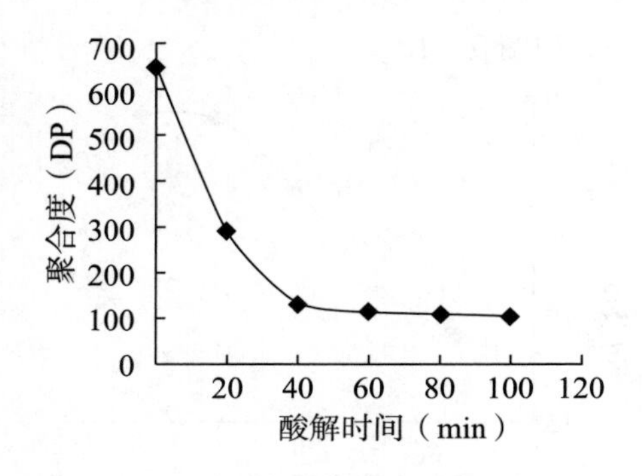

图3－13　不同盐酸酸解时间下胡萝卜渣微晶纤维素的聚合度

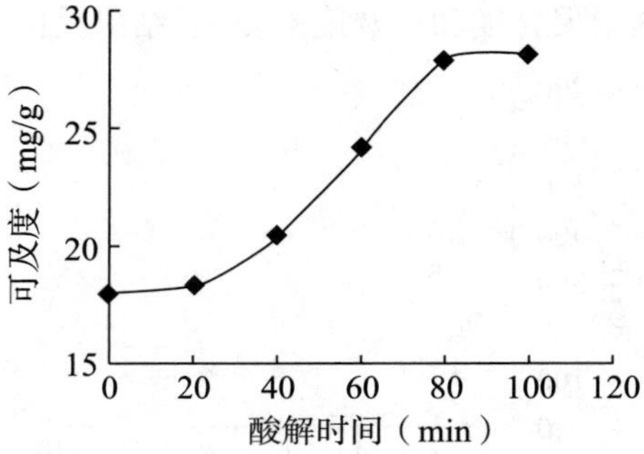

图3－14　不同盐酸酸解时间下胡萝卜渣微晶纤维素的可及度

由图3－13可知，随着盐酸酸解时间的增加，胡萝卜渣微晶纤维素的聚合度减小。这是因为纤维素与盐酸反应时间的增加，纤维素分子糖苷键断裂数增多，纤维素被水解为溶解态葡萄糖数量增加，故微晶纤维素的聚合度减小。当盐酸酸解时间为60min时，已水解至微晶纤维素，继续增加酸解时间，聚合度变化不明显，其值为113。

由图3－14可知，随着盐酸酸解时间的增加，胡萝卜渣微晶纤维素的可及度增加。这是因为随着盐酸酸解时间增加，纤维素葡萄糖基环上游离羟基数目增多，而使纤维素羟基与其他高分子聚合物以化学键结合更容易，反应物的可及度增加。当盐酸酸解时间80～100min，可及度变化趋于平缓，其值为27.79～28.11mg/g。

（3）盐酸酸解温度对胡萝卜渣微晶纤维素聚合度和可及度的影响。

盐酸浓度为6%，酸解时间为60min，不同盐酸酸解温度对胡萝卜渣微晶纤维素聚合度和可及度的影响，结果见图3－15和图3－16。

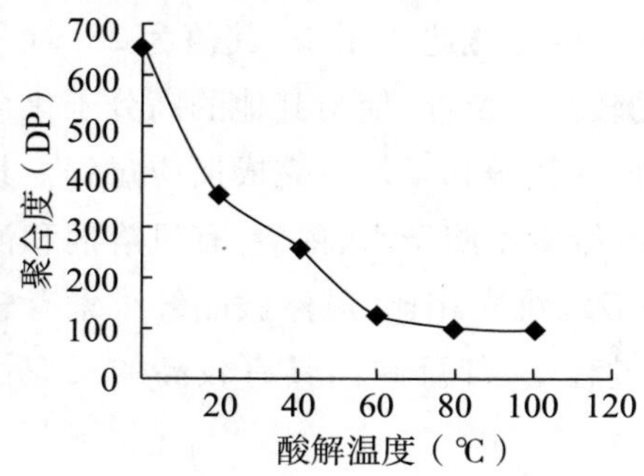

图3－15　不同盐酸酸解温度下胡萝卜渣微晶纤维素的聚合度

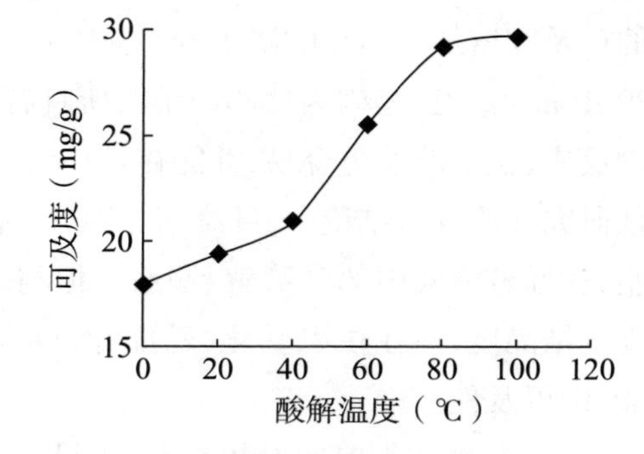

图3－16　不同盐酸酸解温度下胡萝卜渣微晶纤维素的可及度

由图3－15可知，随着盐酸酸解温度的增加，胡萝卜渣微晶纤维素的聚合度减小。这是因为较高温度可以增强降低糖苷键断裂的活化能，促进纤维素分子糖苷键断裂，水解生成葡萄糖，使微晶纤维素的聚合度减小。当盐酸酸解温度达到60℃时，已水解至微晶纤维素，增加盐酸酸解温度，聚合度变化不明显，其值为127。

由图3－16可知，随着酸解温度增加，胡萝卜渣微晶纤维素的可及度增加。这是因为随着酸解温度增加，酸与纤维素反应加强，纤维素葡萄糖基环上游离羟基数目增多，而使纤维素羟基与其他高分子聚合物以化学键结合更容易，反应物的可及度增加。当酸解温度80～100℃，可及度变化趋于平缓，其值为29.14～29.69mg/g。

3.盐酸对胡萝卜渣微晶纤维素膨胀力和持水力的影响

（1）盐酸浓度对胡萝卜渣微晶纤维素膨胀力和持水力的影响。

盐酸酸解时间为60min，酸解温度为60℃，不同盐酸浓度对胡萝卜渣微晶纤维素膨胀力和持水力的影响，结果见图3－17和图3－18。

由图3－17与图3－18可知，随着盐酸浓度升高，胡萝卜渣微晶纤维素的膨胀力和持水力逐渐提高。这是因为一方面盐酸的作用使纤维素粒度减小，吸水的表面积增大；另一方面酸作用使纤维素出现多孔隙，纤维素的孔隙增多使水分更容易渗入，从而增加纤维素的膨胀力和持水力。研究也表明了膳食纤维3mm至10～25μm时，纤维素出现细微化，导致纤维素表面积和孔隙大幅度增加，使纤维素具有独特的物理和化学性质。当盐酸浓度为6%～10%时，膨胀力和持水力变化增幅减小，其值分别为15.69～15.85mL/g和9.85～11.05g/g。这是因为酸浓度过大，纤维素粒度变更小，使纤维素膨胀力和持水力变化不明显。

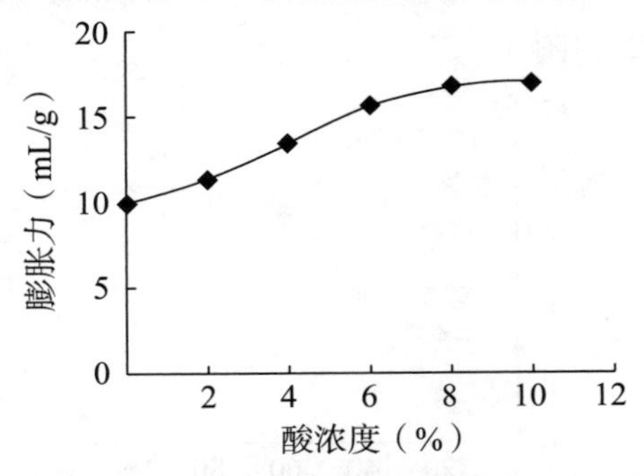

图3－17　不同盐酸浓度下胡萝卜渣微晶纤维素的膨胀力

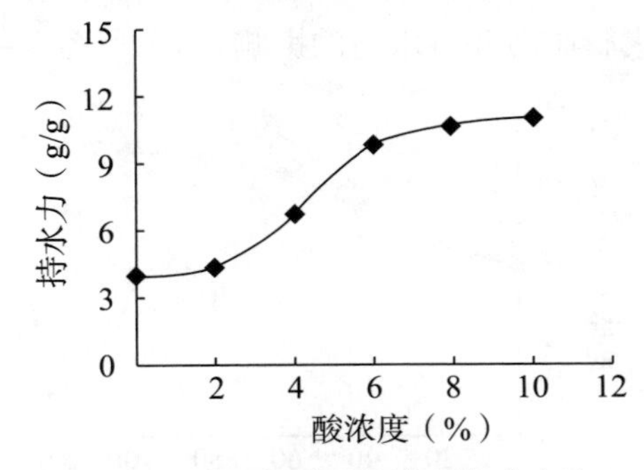

图3－18　不同盐酸浓度下胡萝卜渣微晶纤维素的持水力

（2）盐酸酸解时间对胡萝卜渣微晶纤维素膨胀力和持水力的影响。

盐酸浓度为6%，酸解温度为60℃，不同盐酸酸解时间对胡萝卜渣微晶纤维素膨胀力和持水力的影响,结果见图3-19和图3-20。

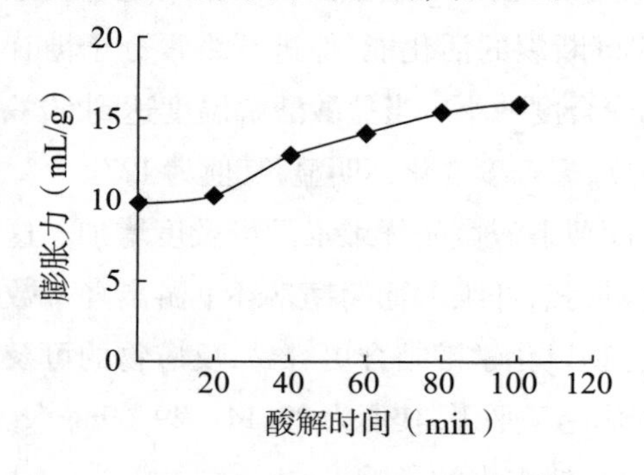

图3-19 不同盐酸酸解时间下胡萝卜渣微晶纤维素的膨胀力

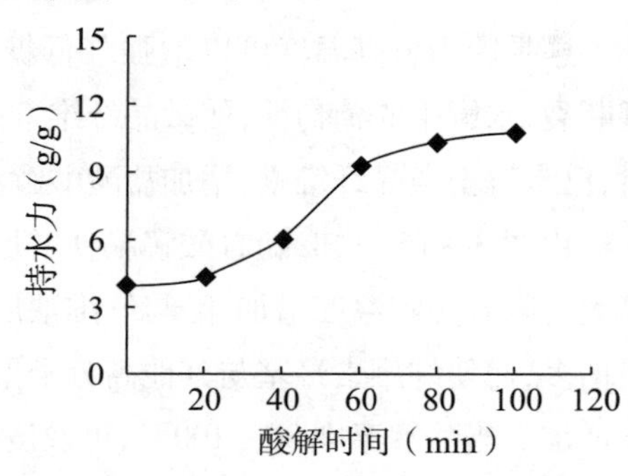

图3-20 不同盐酸酸解时间下胡萝卜渣微晶纤维素的持水力

由图3-19与图3-20可知,随着盐酸酸解时间的增加,胡萝卜渣微晶纤维素的膨胀力和持水力逐渐提高。这是因为盐酸的作用时间增加,更多酸对纤维素作用,粒度减小则比表面积增大,其持水力和膨胀力也相应增大,其生理功能的发挥越显著。本研究中粒度与持水力、膨胀力之间的关系,与洪杰和张绍英对大豆膳食纤维素微粒结构和物理性质(持水力、膨胀力)的研究一致:随纤维素粒度减小而呈下降趋势,但膨胀力和持水力则随纤维素粒度减小显著增大。当盐酸酸解时间60~100min时,膨胀力和持水力变化趋于平缓,其值分别为14.23~15.99mL/g和9.29~10.81g/g。

(3)盐酸酸解温度对胡萝卜渣微晶纤维素膨胀力和持水力的影响。

盐酸浓度为6%,酸解时间为60min,不同盐酸酸解温度对胡萝卜渣微晶纤维素膨胀力和持水力的影响,结果见图3-21和图3-22。

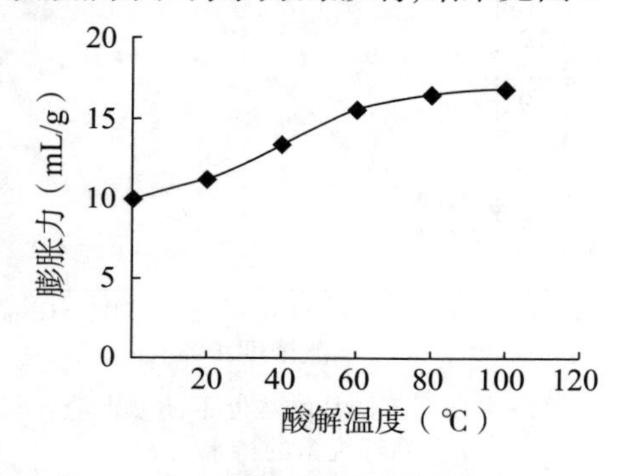

图3-21 不同盐酸酸解温度下胡萝卜渣微晶纤维素的膨胀力

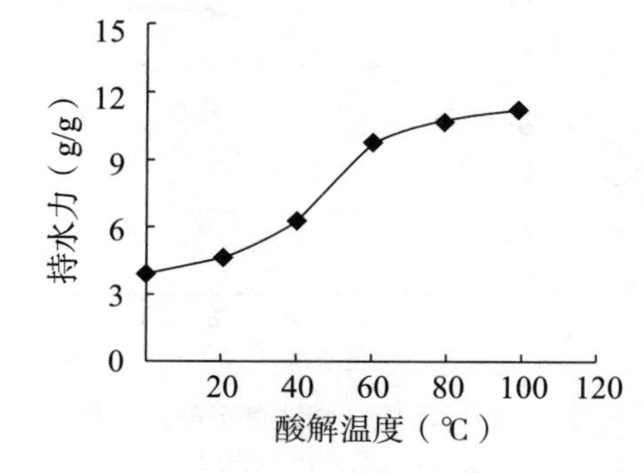

图3-22 不同盐酸酸解温度下胡萝卜渣微晶纤维素的持水力

由图 3－21 与图 3－22 可知,随着盐酸酸解温度的增加,胡萝卜渣微晶纤维素的膨胀力和持水力逐渐提高。这是因为温度增加使酸作用活力增加,对纤维素酸解作用增强,粒度减小,吸水的表面积增大,纤维素的孔隙增多,这使水分更容易渗入,从而增加纤维素的膨胀力和持水力。当盐酸酸解时间 60～100℃时,膨胀力和持水力变化趋于平缓,其值分别为 15.32～16.54mL/g 和 9.67～11.25 g/g。

4. 盐酸对胡萝卜渣微晶纤维素含量和得率的影响

(1)盐酸浓度对胡萝卜渣微晶纤维素含量和得率的影响。

盐酸酸解时间为 60min,盐酸酸解温度为 60℃,不同盐酸浓度对胡萝卜渣微晶纤维素含量和得率的影响,结果见图 3－23 和图 3－24。

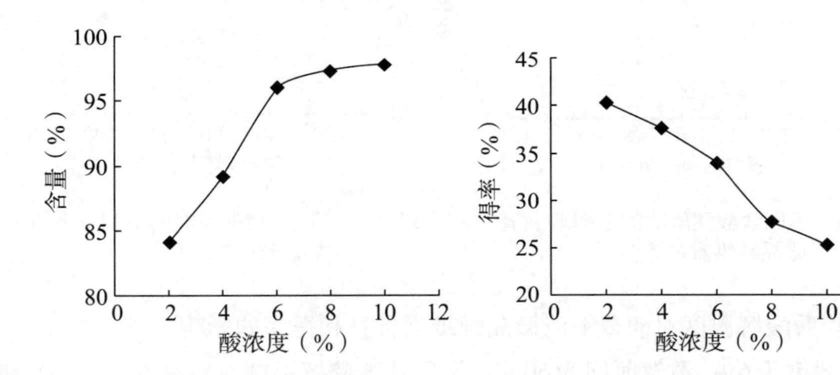

图 3－23　不同盐酸浓度下胡萝卜渣微晶纤维素的含量

图 3－24　不同盐酸浓度下胡萝卜渣微晶纤维素的得率

由图 3－23 和 3－24 可知,随着盐酸浓度的增加,胡萝卜渣微晶纤维素的含量增加和得率减小。当盐酸浓度为 10% 时,含量最大值为 97.68% 和得率最小值为 25.01%。这是因为纤维素分子呈线型分子,这些分子以氢键的形式连接成纤维素胶束;胶束中氢键的数目很多,所以结合得很牢固,物理和化学性质比较稳定,纤维素跟较浓的酸作用时,纤维素中的游离羟基按一般醇的方式起酯化作用,生成酯,同时纤维素在葡萄糖残基之间以氧原子连接的地方逐渐水解为较小的分子,从而使纤维素溶解。因此,随酸浓度的增加,纤维素的溶解量和纤维素较小分子的数量就会增加,即微晶纤维素的含量增加而得率减小。

(2)盐酸酸解时间对胡萝卜渣微晶纤维素含量和得率的影响。

盐酸浓度为 6%,酸解温度为 60℃,不同盐酸酸解时间对胡萝卜渣微晶纤维素含量和得率的影响,结果见图 3－25 和图 3－26。

由图3-25和图3-26可知，随着盐酸酸解时间的增加，胡萝卜渣微晶纤维素的含量增加和得率减小。当盐酸浓度为100min时，含量最大值为97.16%和得率的最小值为39.2%。这是因为反应之初，盐酸主要是作用在纤维素非晶区（无定型区），而非晶区占纤维素比例小，被水解的细小纤维素数量有限。随着时间的增加，酸使一部分晶区结构裂解，导致细小纤维素数量增加，即微晶纤维素的含量增加而得率减小。

100
95
90
85
80
含量（%）
0
2
4
6
8
10
12
酸解时间（min）

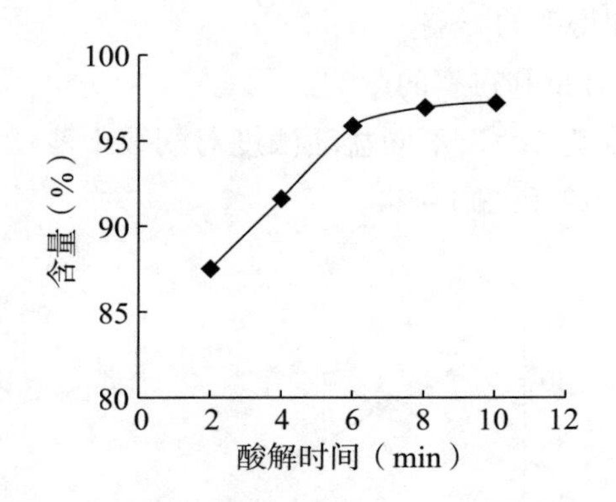

图3-25　不同盐酸酸解时间下胡萝卜渣微晶纤维素的含量

45
40
35
30
25
20
得率（%）
0
20
40
60
80
100
120
酸解时间（min）

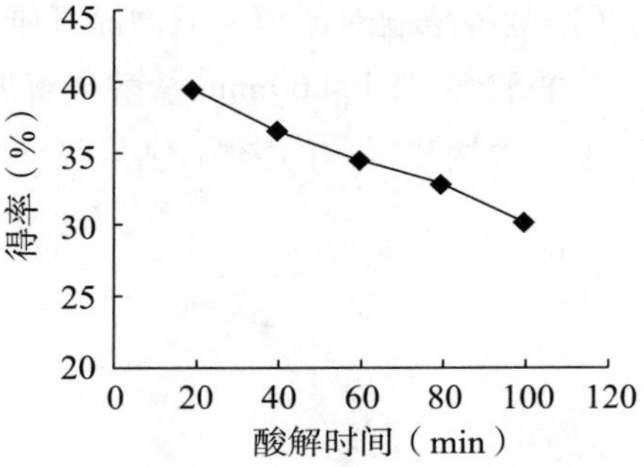

图3-26　不同盐酸酸解时间下胡萝卜渣微晶纤维素的得率

（3）盐酸酸解温度对胡萝卜渣微晶纤维素含量和得率的影响。

盐酸浓度为6%，酸解时间为60min，不同盐酸酸解温度对胡萝卜渣微晶纤维素含量和得率的影响，结果见图3-27和图3-28。

100
95
90
85
80
含量（%）
0
20
40
60
80
100
120
酸解温度（℃）

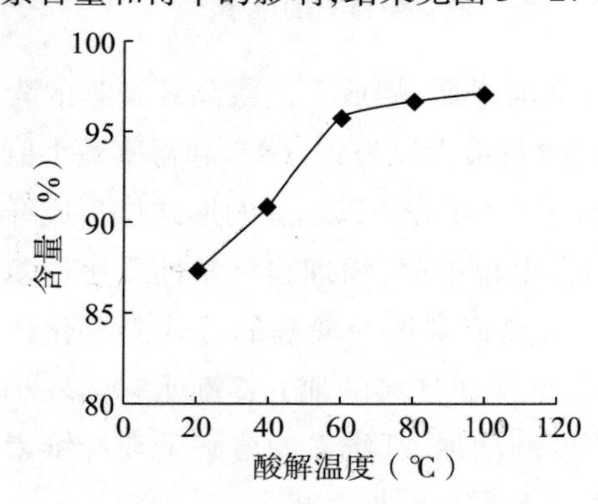

图3-27　不同盐酸酸解温度下胡萝卜渣微晶纤维素的含量

45
40
35
30
25
20
得率（%）
0
20
40
60
80
100
120
酸解温度（℃）

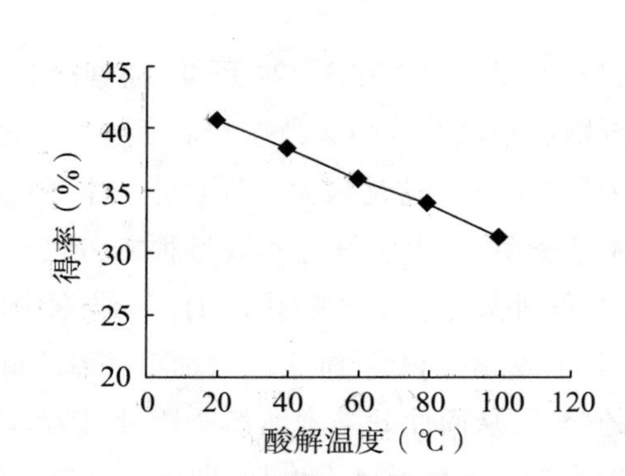

图3-28　不同盐酸酸解温度下胡萝卜渣微晶纤维素的得率

由图3-27和图3-28可知，随着盐酸酸解温度的增加，胡萝卜渣微晶纤维素的含量增加和得率减小。当盐酸浓度为100℃时,含量最大值和得率最小值分别为97.11%和31.5%。这是因为温度较低时,对纤维素水解的催化作用弱,细小纤维素数量较低。温度逐渐增加后,催化作用加强,更多的纤维素被水解,即微晶纤维素的含量增加而得率减小。

5. 盐酸对胡萝卜渣微晶纤维素热性能的影响

(1)盐酸浓度对胡萝卜渣微晶纤维素热性能的影响。

盐酸酸解时间为60min,酸解温度为60℃,不同盐酸浓度对胡萝卜渣微晶纤维素热性能的影响,结果见图3-29和表3-2。

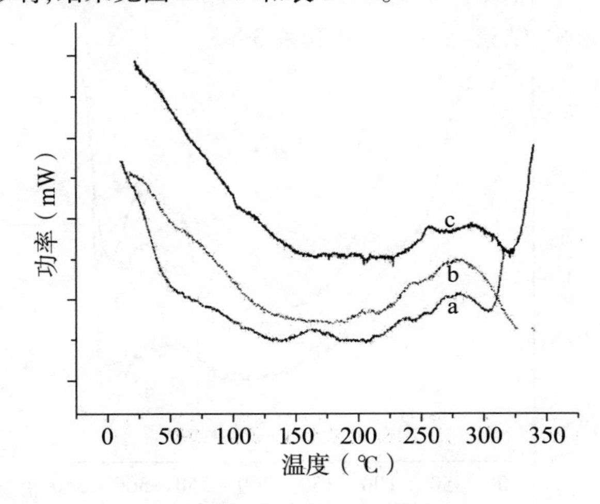

a-0%;b-6%;c-10%

图3-29 不同盐酸浓度下胡萝卜渣微晶纤维素的DSC曲线

表3-2 不同盐酸浓度下胡萝卜渣微晶纤维素的DSC参数

盐酸浓度(%)	结晶温度 T_c(℃)	熔融温度 T_m(℃)	氧化温度 T_o(℃)
0	186	280	301
6	189	282	350
10	224	291	323

由图3-29和表3-2可知,a、b、c三个曲线在低温和高温处分别有一个放热峰,在中温处有一个吸热峰。第一个放热峰极值温度(T_c)在180℃附近开始,而吸热峰极值温度(T_m)在280℃附近开始;并且随着酸浓度的增加,T_c和T_m升高。这是因为酸首先水解纤维素的无定型区,使无定型态与结晶态比例减小,而结晶态结构稳定,将其分解需要更多的热量,导致T_c和T_m升高。第二个放热峰极值温度(T_o)在300℃附近开始;盐酸浓度为6%时,T_o最高。这是因为胡萝卜渣

微晶纤维素聚合度显著减小，粒径急剧减小，其比表面积显著增加，因此表面上的末端碳和外露的反应活性基团显著增加，其热稳定性能降低，氧化分解的热量减小。然而，未用酸处理胡萝卜渣纤维素的 T_o 低于胡萝卜渣微晶纤维素。这是因为酸水解过程中，体系中有大量的 H^+ 存在，而微晶纤维素的比表面积极大，其表面强吸附能力导致其吸附许多 H^+，而 H^+ 很难被彻底的洗涤干净，导致未用酸水解的胡萝卜渣纤维素 T_o 低。

(2)盐酸酸解时间对胡萝卜渣微晶纤维素热性能的影响。

盐酸浓度为6%，盐酸酸解温度为60℃，不同盐酸酸解时间对胡萝卜渣微晶纤维素热性能的影响，结果见图 3－30 和表 3－3。

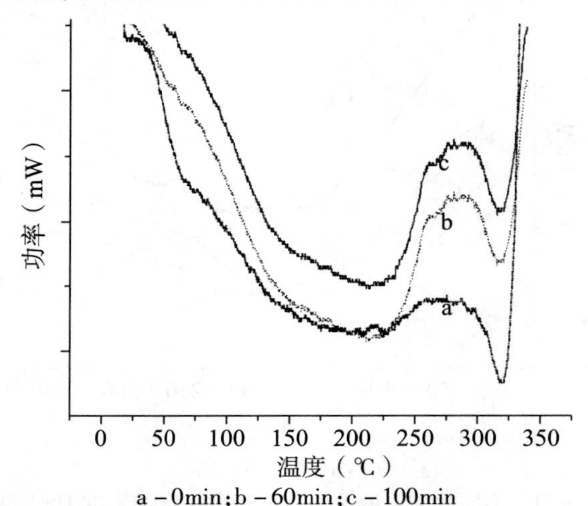

a－0min；b－60min；c－100min

图 3－30 不同盐酸酸解时间下胡萝卜渣微晶纤维素的 DSC 曲线

表 3－3 不同盐酸酸解时间下胡萝卜渣微晶纤维素的 DSC 参数

酸解时间（min）	结晶温度 T_c（℃）	熔融温度 T_m（℃）	氧化温度 T_o（℃）
0	202	262	315
60	210	287	318
100	217	292	316

由图 3－30 和表 3－3 可知，a、b、c 三个曲线在低温和高温处分别有一个放热峰，在中温处有一个吸热峰。第一个放热峰极值温度（T_c）在 202℃附近开始，而吸热峰极值温度（T_m）在 262℃附近开始；并且随着盐酸酸解时间的增加，T_c 和 T_m 升高。这是因为酸先作用于纤维素的无定型区；之后进一步水解结晶态，这时需要更多的热量，导致 T_c 和 T_m 升高。第二个放热峰极值温度（T_o）在 300℃附近

开始；盐酸酸解时间为60min时，T_o最高。

（3）酸解温度对胡萝卜渣微晶纤维素热性能的影响。

酸浓度为6%，酸解时间为60min，不同酸解温度对胡萝卜渣微晶纤维素热性能的影响，结果见图3－31和表3－4。

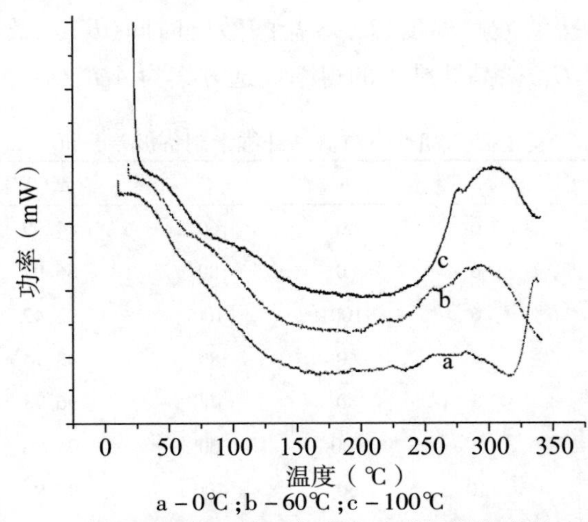

a－0℃；b－60℃；c－100℃

图3－31　不同盐酸酸解温度下胡萝卜渣微晶纤维素的DSC曲线

表3－4　不同盐酸酸解温度下胡萝卜渣微晶纤维素的DSC参数

盐酸酸解温度（℃）	结晶温度 T_c（℃）	熔融温度 T_m（℃）	氧化温度 T_o（℃）
0	172	261	314
60	197	293	347
100	214	304	336

由图3－31和表3－4可知，a、b、c三个曲线在低温和高温处分别有一个放热峰，在中温处有一个吸热峰。第一个放热峰极值温度（T_c）在172℃附近开始，而吸热峰极值温度（T_m）在261℃附近开始；并且随着盐酸酸解温度的增加，T_c和T_m升高。这是因为高温使酸分子与纤维素水解反应更强烈，结晶态比例增加，导致T_c和T_m升高。第二个放热峰极值温度（T_o）在314℃附近开始；盐酸酸解温度为60℃时，T_o最高。

（三）化学改性正交试验

以盐酸为水解剂的稀酸水解技术，是目前最为常用的微晶纤维素制备方法。适当的盐酸水解使纤维素分子中的1,4－葡萄糖苷键断裂，聚合度迅速降低，当达到一个极限值生成的产品即为微晶纤维素。因此，盐酸浓度、盐酸酸解时间及盐酸酸解温度是生产胡萝卜渣微晶纤维素的关键反应条件,故本章对这三个因素进行正交试验。正交试验结果和极差分析结果见表3-5。由表3-5可知,各因素对胡萝卜渣微晶纤维素含量的影响主次顺序为盐酸浓度(A)>盐酸酸解温度(C)>盐酸酸解时间(B);各因素对胡萝卜渣微晶纤维素得率的影响主次顺序为盐酸浓度(A)>盐酸酸解温度(C)>盐酸酸解时间(B)。微晶纤维素的含量为优选方案为$A_3B_3C_3$;微晶纤维素的得率优选方案为$A_1B_1C_1$。

表3-5 胡萝卜渣微晶纤维素制备极差分析

试验序号		A	B	C	含量(%)	得率(%)
1		6	60	60	84.99	34.47
2		6	80	80	86.07	32.88
3		6	100	100	93.42	29.85
4		8	60	80	88.14	27.46
5		8	80	100	96.78	24.04
6		8	100	60	93.36	26.67
7		10	60	100	97.91	17.91
8		10	80	60	95.48	19.19
9		10	100	80	98.21	20.11
	K_1	88.16	90.35	91.28		
	K_2	92.76	92.78	90.81		
	K_3	97.2	95	96.04		
含量/(%)	R	9.04	4.65	5.23		
	最优水平	A_3	B_3	C_3		
	主次因素		$A>C>B$			
	最优组合		A_3 B_3 C_3			
	K_1	32.4	26.61	26.78		
	K_2	26.06	25.37	26.82		
	K_3	19.07	25.54	23.93		
得率/(%)	R	13.33	1.24	2.88		
	最优水平	A_1	B_1	C_2		
	主次因素		$A>C>B$			
	最优组合		$A_1B_1C_2$			

正交试验的方差分析结果见表3-6。由表3-6可知,胡萝卜渣微晶纤维素得率的影响主次顺序为酸浓度(A)>酸解温度(C)>酸解时间(B),与极差分析

结果一致。显著性检验表明,酸浓度(A)和酸解温度(C)对微晶纤维素含量的影响达到极显著水平,酸解时间(C)对微晶纤维素含量的影响达到显著水平。最优组合为$A_3B_3C_3$,即酸浓度为10%,酸解时间100min,酸解温度100℃。在此优化工艺条件下,微晶纤维素的含量为98.87%。

表3-6　胡萝卜渣微晶纤维素含量方差分析

方差来源	偏差平方和	自由度	均方和	F	P
模型	205.282	6	34.214	39.220	0.025
A	122.595	2	61.298	70.260	0.014
B	32.456	2	16.228	18.600	0.051
C	50.231	2	25.116	28.790	0.034
误差	1.745	2	0.872		
总和	207.027	8			

正交试验的方差分析结果见表3-7。由表3-7可知,胡萝卜渣微晶纤维素得率的影响主次顺序为酸浓度(A)>酸解温度(C)>酸解时间(B),与极差分析结果一致。显著性检验表明,酸浓度(A)对微晶纤维素得率的影响达到极显著水平,酸解温度(C)对微晶纤维素得率的影响达到显著水平,酸解时间(B)对微晶纤维素得率的影响不显著。最优组合为$A_1B_1C_2$,即酸浓度为6%,酸解时间60min,酸解温度80℃。在此优化工艺条件下,微晶纤维素的得率为33.8%。

表3-7　胡萝卜渣微晶纤维素得率方差分析

方差来源	偏差平方和	自由度	均方和	F	P
模型	285.861	6	47.643	126.83	0.007
A	266.740	2	133.370	355.044	0.003
B	2.721	2	1.360	3.622	0.216
C	16.400	2	8.200	21.829	0.044
误差	0.751	2	0.376		
总和	286.612	8			

(四)化学改性微晶纤维素的性能

在酸浓度为6%,酸解时间60min和酸解温度80℃工艺条件下制备胡萝卜渣微晶纤维素,对其性能进行测试,结果见表3-8。

表 3－8　胡萝卜渣微晶纤维素的性能

种类	胡萝卜渣微晶纤维素	微晶纤维素
形状	圆棒状	棒状
粒径（<75μm%）	98.3%	≥98%
溶胀力（h_2/h_1）	1.79	—
白度（%）	83%	≥80%
pH 值	6.1	5.0－7.0
聚合度（DP）	112	30－300
水分（%）	4.1	≤5
灰分（%）	0.34	≤0.5

由表 3－8 可知，胡萝卜渣微晶纤维素聚合度、粒径大小、pH 值、水分含量和灰分含量在标准范围内，而颜色略显微黄。

（五）化学改性微晶纤维素的结构表征

1. SEM 表征

在酸浓度为 6%、酸解时间 60min 和酸解温度 80℃工艺条件下，胡萝卜渣微晶纤维素 500 倍、1000 倍、1000 倍和 5000 倍 SEM 结果见图 3－32 的 a、b、c 和 d。

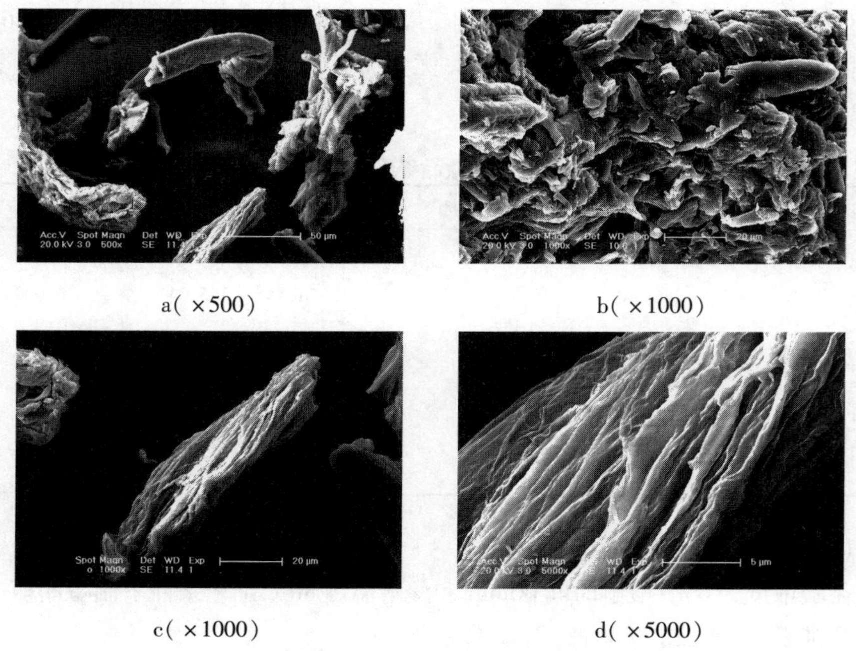

a（×500）　b（×1000）

c（×1000）　d（×5000）

图 3－32　胡萝卜渣微晶纤维素的 SEM 图

由图3－32的a和b可知，胡萝卜渣微晶纤维素结合在一起，发生团聚现象。这是因为超微粒子之间的强自吸附特性，团聚体是不可避免的，其团聚是范德华力的吸引而形成，或者是由使得体系中总表面积在极小化的驱动力所引起的，破碎后的微粒体系出现再团聚现象。

由图3－32的c和d可知，胡萝卜渣微晶纤维素因分子间的作用力易发生小纤维束的团聚，经盐酸酸解作用后的纤维素表面结构发生改变，出现了明显裂痕和细小分丝的现象。纤维的结构变化有利于增加反应试剂和溶剂对纤维素的可及性，从而改善其反应性能和溶解性能。

2. X－ray表征

在胡萝卜渣纤维素和胡萝卜渣微晶纤维素X－ray结果见图3－33，结晶度和微晶尺寸见表3－9。

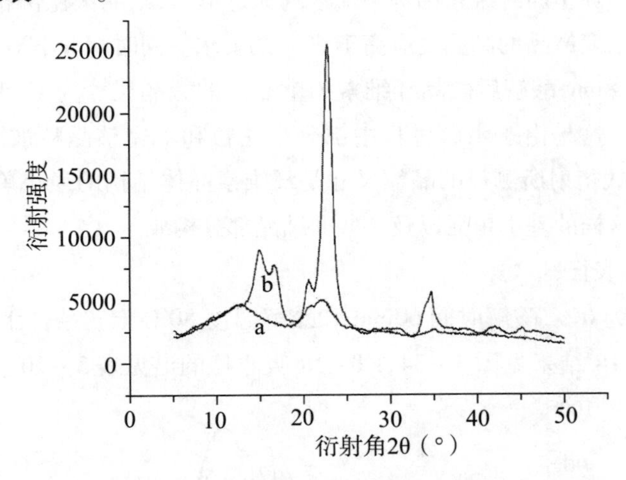

a－CPC；b－CPMCC

图3－33　胡萝卜渣微晶纤维素的X－ray图谱

表3－9　胡萝卜渣微晶纤维素的结晶度和微晶尺寸

名称	晶体类型	结晶度Xc(%)	101	$\overline{1}01$	002
CPC	纤维素Ⅰ	16.7	15.4	16.4	16.9
CPMCC	纤维素Ⅰ	75.2	17.1	18.9	20.5

由图3－33可知，X－ray在衍射曲线上既有尖锐峰又有比较平的弥散峰，说明胡萝卜渣微晶纤维素不是100%结晶，仍保持结晶区与非晶区即无定形区同时共存的状态。X－ray在衍射角为14.76°、22.81°和35.1°均出现了特征衍射峰，与纤维素Ⅰ型特征衍射峰所在的衍射角一致。这是因为胡萝卜渣纤维素在酸解

后，微晶纤维素的晶型结构并未改变，仍是典型的纤维素Ⅰ型。研究人员对纳米微晶纤维素的研究也证实了这一结论。李小芳等通过X射线衍射研究NCC，结果表明所得的棒状NCC具有纤维素Ⅰ的晶形。结晶度为75.1%，平均晶粒粒径为7.3nm。棒状NCC产品的结晶度较高，相应的特征峰也较尖锐。这说明经过酸处理作用，纤维素的无定形区或一些结晶不好的微晶区已经被部分破坏掉。酸的水解作用能进一步破坏无定形区，使NCC产品的结晶度提高。但由于纤维素结构本身的复杂性，在所用的水解时间内，在纤维素的结晶体以及在纤维素晶体基本单元之间仍有一些无定形成分，最终产物的结晶度并未达到100%。

由表3－9可知，胡萝卜渣微晶纤维素的结晶度由16.7%提高到75.2%，表明酸解过程已经破坏了原纤维素结构中疏松的无定形区，结晶区比例相应增大，并且达到了微晶纤维素产品的结晶度应高于60%的要求。同时胡萝卜渣纤维素微晶尺寸为15.4～16.8nm，酸解后微晶纤维素3个晶面的微晶尺寸为17.1～20.5nm，微晶尺寸增大了。这是由于水解过程中部分小晶粒和不完整晶粒被同时破坏的缘故。说明X射线衍射所测得的晶粒尺寸是纤维素晶体结构的最小单元，微晶纤维素颗粒由许多这样的基本单元以及一些非结晶部分构成。

3. FT－IR表征

在酸浓度为6%、酸解时间60min和酸解温度80℃工艺条件下，胡萝卜渣微晶纤维素FT－IR结果见图3－34，FT－IR吸收峰的谱见表3－10。

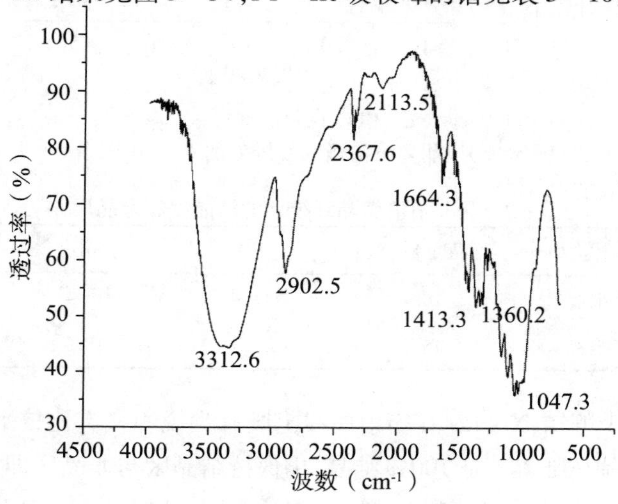

图3－34　胡萝卜渣微晶纤维素的FT－IR图谱

表 3－10　红外谱图中吸收峰的谱峰归属

波数（cm^{-1}）	谱峰归属
3500～3200	—OH 伸缩振动
2942～2900	CH、CH_2 伸缩振动
1635～1639	吸附水 OH 的伸缩振动
1428～1430	CH_2 弯曲振动
1371～1375	CH 弯曲变形振动
1163	C—O—C 伸缩振动
1058～1060	C＝O 伸缩振动
898	糖苷键振动

由图 3－34 和表 3－10 可知，胡萝卜渣微晶纤维素在 3312.6cm^{-1}附近很强很宽的谱带是—OH 的伸缩振动；2902cm^{-1} 处是 CH、CH_2 伸缩振动；在 1413.3cm^{-1}和 1360.2cm^{-1}两处出现强谱带，是 CH、CH_2变形振动；另一个强峰则位于 1047.3cm^{-1}，且在主峰两侧还有很多弱的肩峰，这些谱带对应于纤维素分子中C＝O 和—OH 的吸收。谱图上的特征峰和纤维素中包含 CH、CH_2、—OH、C＝O 等基团并没有明显的变化，仍然具有纤维素的基本化学结构。说明胡萝卜渣微晶纤维素性能改变，但仍保留纤维素Ⅰ型结构。此研究结果，与稻草纤维物理改性后纤维素分子特征并未发生改变一致。

（六）小结

以胡萝卜渣纤维素为原料，采用浓酸改性纤维素，通过对胡萝卜渣微晶纤维素的研究得出以下结论：

（1）胡萝卜渣纤维素经酸解后，纤维素形态由原先交织成网絮状的细长纤维素，变成了纺锤形的颗粒状物料，数均平均长度为 36～73μm。并随着酸浓度、酸解时间和酸解温度的增加，微晶纤维素的数均平均长度和粒径减小，最终水解为形状粗短、柱形均匀、碎片较少、无弯曲的微晶纤维素产品。

（2）随着盐酸浓度、盐酸酸解时间和盐酸酸解温度的增加，胡萝卜渣微晶纤维素聚合度减小、可及度、膨胀力和持水力增加。因为盐酸破坏了纤维素中糖苷键后，在葡萄糖残基之间以氧原子连接的地方被逐渐水解为较小的纤维小分子，产生新的还原末端，使胡萝卜渣微晶纤维素聚合度减小；而胡萝卜渣纤维素分子变小，比表面积增加，与水和其他物质发生反应更容易，即可及度、膨胀力和持水力增加。

（3）酸改性达到适合的条件时，即盐酸浓度为 6%、盐酸酸解时间为 60min、盐酸酸解温度为60℃,胡萝卜渣微晶纤维素的含量和得率变化明显。随后,其变化趋于平缓。

(4)随着盐酸浓度、酸解时间和酸解温度的增加,胡萝卜渣微晶纤维素 T_c 和 T_m 增加。因为盐酸水解使无定型态和结晶态比例减小,将其分解需要更多的热量。

(5)正交试验的极差分析和方差分析可知,胡萝卜渣微晶纤维素含量的影响主次顺序为盐酸浓度(A) > 盐酸酸解温度(C) > 盐酸酸解时间(B)。显著性检验表明,盐酸浓度(A)和盐酸酸解温度(C)对胡萝卜渣微晶纤维素含量的影响达到极显著水平,盐酸酸解时间(C)对胡萝卜渣微晶纤维素含量的影响达到显著水平。最优组合为 $A_3B_3C_3$,即盐酸浓度为10%,盐酸酸解时间100min,盐酸酸解温度100℃。在此优化工艺条件下,胡萝卜渣微晶纤维素的含量为98.87%。

(6)正交试验的极差分析和方差分析可知,胡萝卜渣微晶纤维素得率的影响主次顺序为盐酸浓度(A) > 盐酸酸解温度(C) > 盐酸酸解时间(B)。显著性检验表明,盐酸浓度(A)对胡萝卜渣微晶纤维素得率的影响达到极显著水平,盐酸酸解温度(C)对胡萝卜渣微晶纤维素得率的影响达到显著水平,盐酸酸解时间(B)对胡萝卜渣微晶纤维素得率的影响不显著。最优组合为 $A_1B_1C_2$,即盐酸浓度为6%,盐酸酸解时间60min,盐酸酸解温度80℃。在此优化工艺条件下,微晶纤维素的得率为33.8%。

(7)对胡萝卜渣微晶纤维素的物化性能测定结果可知,胡萝卜渣微晶纤维素聚合度、粒径大小、pH值、水分含量和灰分含量在标准范围内,而颜色略显微黄。

(8)通过SEM、X-ray和FT-IR技术手段分析胡萝卜渣微晶纤维素的结构。SEM分析结果可知,胡萝卜渣微晶纤维素因分子间的作用力易发生小纤维束的团聚,经盐酸酸解作用后的纤维素表面结构发生改变,出现了明显裂痕和细小分丝的现象。同时测定胡萝卜渣微晶纤维素表面积也增加,这与微观结构观测的结果相一致;X-ray分析结果可知,结晶度由16.7%提高到75.2%,并且微晶尺寸由15.4~16.8nm增加为17.1~20.5nm;FT-IR分析结果可知,酸水解使纤维素的性能改变,但仍然具有纤维素的基本化学结构和保留纤维素Ⅰ型结构。

综上所述,以盐酸为水解剂的稀酸水解技术,是目前最为常用的微粉化方法。适当酸解使纤维素分子中的,1,4-葡萄糖苷键断裂,纤维素变成小分子结构,聚合度迅速降低。纤维素分子内结构疏松的无定形区首先遭受破坏,使之发生重取向而呈现更为有序的状态,从而使纤维素材料微粉化甚至微晶化。但纤维素的结晶度虽然提高了,却仍能保留纤维素Ⅰ型结构,并且纤维素仍保持结晶区与非结晶区即无定形区同时共存的状态。

第二节 果蔬纤维生物酶改性

纤维素是天然存在丰富的可再生高聚物,主要由纤维素、半纤维素、木质素等组成。全球每年自然界合成的纤维素有 $10^{11} \sim 10^{12}$ 亿吨。其中,每年农业加工废弃物中生物纤维总量约 2×10^{11} 吨,使这一部分资源遭到巨大的浪费。因此,生物技术在农业废弃物再利用、纤维综合应用中发挥突出的作用。生物技术作为现代科技高新技术,已渗透到各个领域。生物技术主要包括基因工程、生物工程、发酵工程和酶工程。

生物酶是自然界中动物、植物及其他一些有机体内产生的大型蛋白质,具有温和、多样、环保、专一等特点,能降解纤维素、蛋白质和淀粉等高分子化合物,可作为生物催化剂加速合成化学反应。生物酶现阶段已经被广泛应用于食品、医药、轻工、化工、包装等领域。目前,应用于纤维改性的酶主要有纤维素酶、半纤维素酶(木聚糖酶和聚甘露糖酶)、木质素氧化酶等。

一、纤维素酶改性

纤维素的降解是一个复杂的多相反应体系,其作用受纤维素的结构参数、纤维素酶的吸附产物抑制效应及纤维素酶去活化效应等因素影响。纤维素结晶度越高,就越难以吸水润涨,使酶分子难以渗入纤维产生作用,因而无定型区比结晶区易于酶解。Walpot 利用纤维素酶处理造纸废弃物,从技术和经济的角度确定了最佳的优化工艺,步骤为:先用粉碎机粉碎,然后在50℃、pH 4.8 处理24h,可达60%的纤维素转化率。番茄果皮中含有大量的番茄红素和不溶性纤维,其生物活性较低。Gu 等发现酶改性可显著提高番茄红素和番茄皮可溶性膳食纤维的提取率。酶处理番茄皮 SDF 的提取率提高了 72.3%;经酶处理纤维(E-SDF)具有较高的半乳糖醛酸含量,较小的分子量为 7.09×10^4 Da,Zeta 电位较原始 SDF(O-SDF)低;用扫描电子显微镜(SEM)和原子力显微镜(AFM)对其形貌进行了表征,发现 E-SDF 的微观结构较 O-SDF 疏松;在 Ca^{2+} 溶液下,E-SDF 比 O-SDF 具有更强的胶凝能力。E-SDF 和 O-SDF 具有相似的热性能,但E-SDF 具有良好的水化性能和葡萄糖吸收能力。Zhang 等利用羧甲基化、复合酶水解和超细粉碎三种改性方法提高麦麸不溶性膳食纤维（W－IDF）结构、理化和抗氧化性能。红外光谱、差示扫描量热（DSC）和扫描电镜（SEM）分析表明，改性 W－IDF 中化学键的形态和排列方式发生改变。其中，羧甲基化有效地提高了保水性（WRC）、水溶胀性（WSC）和葡萄糖吸附容量（GAC）；复合酶水解显著提高了保油性（ORC）、GAC 和亚硝酸盐离子吸附能力（NIAC）；超细粉碎虽然降低了 WRC 和 ORC，但对 GAC 和 NIAC 有积极影响；改性 W－IDF 的总酚含量、总抗氧化能力、DPPH 自由基清除能力、Fe^{2+} 螯合能力和总还原能力都有所提高。Mansfield 等采用纤维素酶制剂处理花旗松的研磨纸浆和硫酸盐纸浆，研究发现硫酸纸浆强度显著提高，而研磨纸浆没有显著变化。

二、木聚糖酶改性

木聚糖酶是可将木聚糖降解成低木聚糖和木糖的复合酶系。用木聚糖酶处理麦草浆可明显改善麦草浆的滤水性能，麦草浆的白度和强度指标，较大提高木质素氧化酶。Cheng 等研究采用酶法改性马铃薯浆中可溶性膳食纤维（SDF），纤维素酶、木聚糖酶和纤维素酶/木聚糖酶混合物处理 SDF 的得率分别为 31.9%（w/w）、25.7%（w/w）和 39.7%（w/w）；在比较单一酶和混合酶处理时，SDF 的分子量和黏度差异显著；木聚糖酶预处理获得的 SDF 对葡萄糖透析延迟指数（32.98%，w/w）、淀粉酶抑制作用（56.2%）和胰脂肪酶抑制活性（55.33%）有较好的效果，而混合酶预处理在与官能团暴露和比表面积相关的性能方面表现出更好的效果，胆酸钠结合能力（72.2%）和清除羟自由基活性（87.57%）提高。Zhu 等采用木聚糖酶催化水解方法提高谷糠膳食纤维（FMBDF）的胆固醇结合能力。单因素试验设计和正交试验设计对水解条件进行了优化，最佳水解条件为：水解 pH 值 3.8、木聚糖酶用量 50U/g、水解温度 50℃、水解时间 2h。在此条件下，木聚糖酶改性膳食纤维（X－FMBDF）的 CBC 值（11.57 mg/g）是未改性膳食纤维（5.19 mg/g）的 2.23 倍。单糖组成、红外光谱和扫描电镜分析表明，木聚糖酶处理可以改变 FMBDF 的单糖组成和微观结构，从而促进膳食纤维与胆固醇的结合。

三、复合酶改性

研究纤维素酶和半纤维素酶之间、复合纤维素酶的各组分之间的协同作用，以及各个纯化的酶组分在酶改性中所起的作用成为研究的热点。复合纤维素酶对纤维素作用时，因其所含组分具有不同的活性和选择性，所以受底物微相结构的影响,并显示出多种类型的协同作用。Ryu 和 Mandels 用木霉菌株制备复合纤维素酶,对其降解性能进行研究,结果表明:纤维素酶水解纤维的无定型区,使纤维滤水性的得到改善;随着水解的进行,酶解反应减慢,因为越来越多的残留物抑制酶反应,导致酶失活。Ma 等研究高静压(HHP)和酶(漆酶和纤维素酶)处理对去油孜然膳食纤维(DF)的结构、理化、功能性质和抗氧化活性的影响。HHP 结合酶处理增加了可溶性膳食纤维(SDF)(30.37g/100g)、单糖(葡萄糖除外)、糖醛酸和总多酚的含量。HHP - 酶处理改变了 DF 微观结构并产生了新多糖成分。经 HHP 结合酶处理 DF 的保水能力(10.02 g/g)、水膨胀能力(11.19mL/g)、脂肪和葡萄糖吸收能力(10.44g/g、22.18 - 63.54 mmol/g)、α - 淀粉酶活性抑制率(37.95%)和胆汁酸阻滞指数(48.85 - 52.58%)均得到改善。管斌等研究杨木 SGW 浆酶改性发现,伴随酶解的进行,纤维素结晶度缓慢和微晶体尺寸减小。这些变化主要说明杨木 SGW 浆酶改性主要发生在纤维表面的半纤维素存在区域和纤维素的无定形区域,伴随酶改性的进行,酶改性是从纤维表面逐渐向内扩散,在纤维表面产生“剥皮效应”。李兆辉等采用多次酶解方法改性膳食纤维,酶改性显著提高了膳食纤维的溶水等水化性能;微观结构观测结果显示,不同酶解作用使膳食纤维的结构也不同。杨博等研究了纤维素酶、木聚糖酶处理对杨木 CTMP 与 APMP 纸浆物理性能的影响,结果表明,酶处理后,纸的抗张指数、耐破指数、撕裂指数均有不同程度的提高。Yu 等采用复合酶法对胡萝卜渣中提取的不溶性膳食纤维(DF)进行了改性,并对其结构、理化和功能性质进行了研究。结果表明,复合酶法使可溶性 DF 含量提高到 15.07%,胆固醇吸附量达到峰值,改性 DF 抗氧化活性、保水能力、保油能力、阳离子交换和葡萄糖吸附显著提高。扫描电镜分析表明,改性后 DF 表面结构疏松。曲音波等用木聚糖酶处理未漂麦草浆,纸浆的可漂性得到改善,用氯量减少或纸浆白度提高。用纤维素酶和半纤维素酶处理漂白麦草浆可明显改善纸浆的性能,如滤水性、脆性、强度和白度等。工业化试验表明,生物漂白与酶法改性具有较好的环境效益和经济效益。Song 等研究了挤压膨化与纤维素酶复合对竹笋膳食纤维结构、理化和功能特性的影响。挤压结合纤维素酶处理增加了可溶性膳食纤维(22.17g/100g 干固形物)的含量。扫描电镜和傅立叶红外光谱分析表明,挤压结合纤维素酶处理改变了竹笋膳食纤维的结构,但不破坏其主要成分。同时,改性竹笋膳食纤维的保水性(9.34 g/g)、持油能力(10.74 g/g)、溶胀能力(8.32 mL/g)、阳离子交换能力等功能显著提高。

研究发现复合纤维素酶各组分之间的协同作用水解纤维素相对较温和，导致纤维素改性效率不高，所以采用超声波、微波和高压乳化等物理性技术能显著提高生物酶水解效率，达到纤维改性的目的。Meng 等采用超声波—微波协同辅助酶改性（纤维素酶和半纤维素酶）法从黑豆壳中提取可溶性膳食纤维，对改性前后 SDF 的结构、理化性质及胆固醇结合能力进行了分析。结果表明，从黑豆壳中提取的 SDF 的平均分子量为 2.815×10^{5} Da。相比之下，超声波—微波协同辅助酶改性膳食纤维的平均分子量分别下降了 33.21% 和 45.29%，持水力（WHC）、膨胀力（WSC）和含油量（OHC）分别为 3.59g/g、1.25mL/g 和 1.03g/g，比原 SDF 值分别提高了 3.76%、10.62% 和 6.19%。Xu 等研究了微流控结合纤维素酶制备可溶性桃膳食纤维。纤维素酶处理显著提高了可溶性膳食纤维的产量和得率。微观结果研究表明，与单独采用微流控技术和酶处理相比，微流控结合纤维素酶处理果胶多糖含量较高，具有高度支化结构；采用单独使用酶和微流控结合纤维素酶处理有更低的分子量和剪切特性，以及对胆酸钠和胆固醇的结合能力明显强，这可能是由于酶处理使纤维素具有海绵状的多孔网络结构。

四、果蔬纤维生物酶改性方法的应用

近年来，果蔬加工产品消费量逐年增加，这些产品在加工过程中产生大量果蔬加工废弃物。以果蔬加工废弃物为原料提取膳食纤维，再将这些膳食纤维进行改性处理，可以显著提高其性能，扩大其在各领域的应用。Tibolla 等采用化学处理（碱处理、漂白、酸水解）和酶处理（木聚糖酶水解）从香蕉皮、麸皮中分离出纤维素纳米纤维。用粒度分布、X 射线衍射（XRD）和傅立叶变换红外光谱（FTIR）对麦麸和纤维素纳米纤维进行了表征，两种处理方法都能在纳米尺度上有效地分离香蕉纤维，化学处理和酶处理纤维素纳米纤维的平均直径分别为 10.9和7.6nm，长度分别为454.9 和2889.7nm。与酶处理（49.2%）相比，化学处理能提供更多结晶纤维素纳米纤维（58.6%）。两种处理方法从香蕉皮中分离出纳米颗粒，作为复合材料的增强元素具有潜在的应用前景。Juarez－Luna 等从水葫芦茎纤维素（Cel－WH）中经连续的热化学和碱性过氧化氢处理，分离出高质量的纤维素纳米粒（CNP）。将 CNP 用纤维素酶复合物进行酶水解，在 50℃ 下酶解 120min，CNP 浓度达到最大值，流体动力学直径为 200～250nm，结晶度比 Cel－WH 提高了 5%。通过显微镜观察发现，CNP 平均直径为 4.56nm。Tao 等采用纤维素酶、低浓度冷碱和纤维素酶与冷碱联合预处理蔗渣原浆，通过超细粉碎和高压均质,制备出直径约 30nm 的纤维素纳米纤维(CNFs)。X 射线衍射分析表明,纤维素酶处理提高了 CNFs 的结晶度;低浓度冷碱预处理后,CNFs 的结晶度明显降低,纤维素的结晶结构由Ⅰ型转变为Ⅱ型。热重分析表明,纤维素酶结合冷碱处理制备 CNFs 再生纤维素较多,热稳定性较差。因此,采用纤维素酶和低浓度冷碱处理,再结合超细粉碎和高压均质是一种可以制备环境友好的 CNFs 的制备方法。

(一)生物酶改性方法试验设计

1.胡萝卜渣生物酶改性纤维素的工艺流程

胡萝卜渣生物酶改性纤维素的工艺流程见图 3-35。

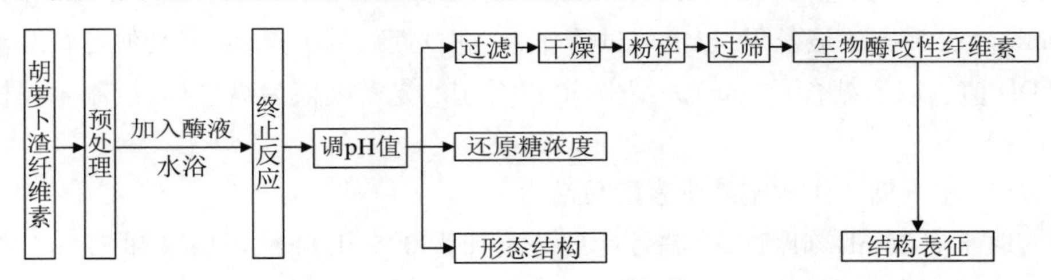

图 3-35　胡萝卜渣生物酶改性纤维素的工艺流程

2.纤维素酶和木聚糖酶活力的测定

采用 DNS 方法测定酶活力和胡萝卜渣生物酶改性纤维素的还原糖浓度。

(1)酶活力测定中缓冲溶液及显色剂 DNS 的配制。

DNS 配制:3,5-二硝基水杨酸 14g、氢氧化钠 28g、酒石酸钾钠 432g、苯酚 5.5mL 和亚硫酸氢钠 6.0g 分别溶解,移入 1000mL 容量瓶中,用蒸馏水定容,放入棕色瓶冷藏保存。

(2)柠檬酸—柠檬酸钠缓冲液的配制。

A 液:用少量蒸馏水将 10.51g 柠檬酸溶解,移入 500mL 容量瓶中,用蒸馏水定容。

B 液:用少量蒸馏水将 14.71g 柠檬酸钠溶解,移入 500mL 容量瓶中,用蒸馏水定容。

取上述 A 液 414mL,B 液 486mL,充分混匀,即为 0.05mol/L 柠檬酸缓冲液(pH 4.8),移入 1000mL 广口瓶中,冷藏保存备用。

(3)葡萄糖溶液浓度—吸光度标准曲线。

取 15 支 25mL 刻度试管,编号后后分别加入不同浓度葡萄糖溶液(0、0.2、0.4、0.6、0.8、1.0、1.2、1.4、1.6、1.8、2.0、2.2、2.4、2.6、2.8mg/0.5mL)0.5mL,

再加入1.5mL的0.05mol/L柠檬酸缓冲液(pH 4.8),充分摇匀。向各试管中加入3mLDNS溶液,充分摇匀后沸水浴显色5min,取出冷却后用蒸馏水定容到25mL,充分混匀,静置20min。在540nm波长下,以1号试管作为空白对照,调零点,测定其他各管溶液的OD值。以葡萄糖含量(mg)为横坐标,以对应的光密度值为纵坐标,绘制葡萄糖标准曲线。

(4)木糖溶液浓度—吸光度标准曲线。

取8支25mL刻度试管,编号后后分别加入1mg/mL木糖溶液(0、0.2、0.4、0.6、0.8、1.0、1.2、1.4mg/1.5mL)1.5mL。向各试管中加入2mLDNS溶液,充分摇匀后沸水浴显色5min,取出冷却后用蒸馏水定容到15mL,充分混匀,静置20min。在550nm波长下,以1号试管作为空白对照,调零点,测定其他各管溶液的OD值。以木糖含量(mg)为横坐标,以对应的光密度值为纵坐标,绘制木糖标准曲线。

(5)滤纸糖化法测定纤维素酶总活力。

取4支25mL刻度试管,编号后后分别加入0.5mL纤维素酶液和1.5mL的0.05mol/L柠檬酸缓冲液(pH 4.8),向1号刻度试管中加入3mLDNS溶液,作空白对照,4支刻度试管分别加入滤纸条50mg(定量滤纸,约1cm×6cm)。4支25mL刻度试管在50℃水浴中保温1h后取出,立即向2、3、4号刻度试管中加入3mLDNS溶液以终止反应,充分摇匀后沸水浴5min,取出冷却后,用蒸馏水定容到25mL,充分混匀。以1号刻度试管调零,在540nm波长下测定2、3、4号刻度试管的OD值。在标准曲线上查出对应葡萄糖含量(1h生成1μmol葡萄糖的纤维素酶量为1IU),按公式(3-8)计算出滤纸酶活力(IU/g):

$$\text{纤维素酶活力} = \frac{2\text{mg 葡萄糖}}{60(\text{min}) \times 0.18(\text{mg}/\mu\text{mol}) \times \text{生成}2\text{mg 葡萄糖的酶量}(\text{mL})} \tag{3-8}$$

(6)木聚糖酶活力的测定。

取4支25mL刻度试管,编号后向1号刻度试管中加入0.5mL木聚糖酶液和2mL的0.05mol/L柠檬酸缓冲液(pH 4.8),再加入2mLDNS溶液,作空白对照;2、3、4后加入0.5mL木聚糖酶液和2mL的0.5%木聚糖悬浮液(用0.05mol/L,pH 4.8柠檬酸缓冲液配制)。取4支刻度试管在50℃水浴中保温30min后取出,立即向2、3、4号刻度试管中加入2mLDNS溶液以终止反应,充分摇匀后沸水浴5min,取出冷却,后用蒸馏水定容到15mL,充分混匀。以1号刻度试管调零,在550nm波长下测定2、3、4号刻度试管的OD值。在标准曲线上查出对应木糖含

量(1min 生成 1μmol 木聚糖酶用量为 1IU),按公式(3-9)计算出木聚糖酶活力(IU/g):

$$\text{木聚糖酶活力}=\frac{\text{生成的葡萄糖量(mg)}}{30(\text{min})\times0.18(\text{mg}/\mu\text{mol})\times0.5(\text{mL})} \quad (3-9)$$

(7)还原糖浓度的测定。

取 1 支刻度试管放入 0.05g 胡萝卜纤维素试样,分别加入 0.5mL 酶液和 1mL 的 0.05mol/L 柠檬酸缓冲液(pH 4.8)。在 50℃水浴中保温 1h 后取出,加入 3mL DNS 溶液,充分摇匀后沸水浴显色 5min,取出冷却后用蒸馏水定容到 25mL,充分混匀,静置 20min。在 540nm 波长下测定 OD 值,由葡萄糖标准曲线方程计算出还原糖浓度(以葡萄糖表示)。

3. 胡萝卜渣生物酶改性纤维素的单因素试验设计

胡萝卜渣纤维素与混合酶液按固液比 20g:1L 进行酶改性,用 0.05mol/L 柠檬酸缓冲液(pH 4.8)配制酶混合溶液。酶改性条件为:纤维素酶用量分别为 0、30、60、90、120、150IU/g,木聚糖酶 36IU/g,酶解时间分别为 0h、0.5h、1h、1.5h、2h、2.5h,酶解温度分别为 20℃、30℃、40℃、50℃、60℃、70℃。

4. 胡萝卜渣生物酶改性纤维素正交试验设计

在单因素试验基础上,考察纤维素酶用量、酶解时间和酶解温度三个因素。进行 $L_9(3^4)$ 正交试验设计(见表 3-11),以还原糖浓度为指标,优化出胡萝卜渣生物酶改性纤维素的最佳工艺。

表 3-11　正交试验设计表

因素	纤维素酶用量(IU/g)	酶解时间(h)	酶解温度(℃)	空列
	A	*B*	*C*	*D*
1	30	0.5	30	0
2	60	1	40	0
3	90	1.5	50	0

(二)生物酶改性单因素试验

1. 标准曲线

由葡萄糖和木糖为标品,得到葡萄糖浓度和木糖浓度的标准曲线,结果见图 3-36和图 3-37。

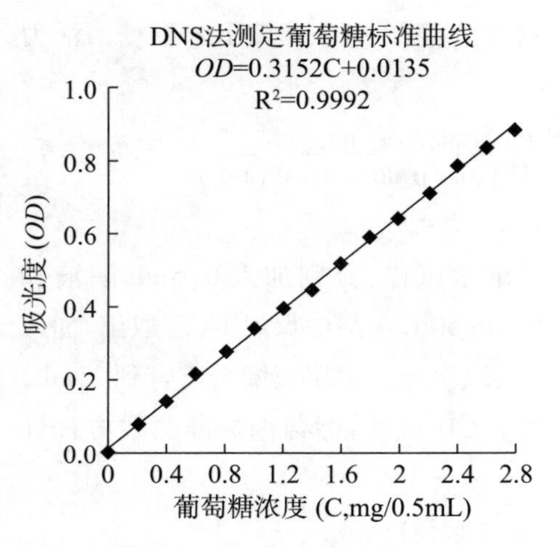

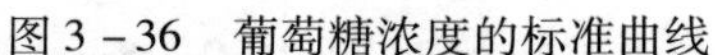
图3-36　葡萄糖浓度的标准曲线

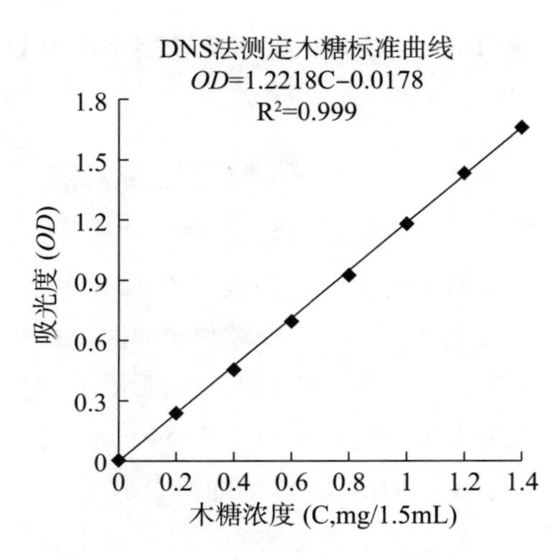

图3-37　木糖浓度的标准曲线

由图3-36可知，葡萄糖浓度的线性回归方程为：$OD=0.0414C+0.0026$，方程中Y轴为吸光度（OD），X轴为测定液中葡萄糖浓度（mg/0.5mL），线性回归方程的决定系数$R_2=0.9992$。说明标准曲线相关性好，可用该标准曲线计算纤维素酶活力和胡萝卜渣生物酶改性纤维素中的还原糖浓度。

由图3-37可知，木糖浓度的线性回归方程为：$OD=1.2218C-0.0178$，方程中Y轴为吸光度（OD），X轴为测定液中木糖浓度（mg/1.5mL），线性回归方程的决定系数$R_2=0.999$。说明标准曲线相关性好，可用该标准曲线计算木聚糖酶活力。

2.酶改性条件对胡萝卜渣生物酶改性纤维素长度和宽度的影响

（1）纤维素酶用量对胡萝卜纤维素渣生物酶改性纤维素长度和宽度的影响。

酶解时间为1h，酶解温度为50℃，不同纤维素酶用量对胡萝卜渣生物酶改性纤维素数量平均长度和宽度的影响，结果见表3-12和图3-38。

表3-12　不同纤维素酶用量下胡萝卜渣生物酶改性纤维素的平均长度和宽度

纤维素长度和宽度	纤维素酶用量（IU/g）					
	0	30	60	90	120	150
数量平均长度（μm）	467	399	367	326	301	287
细小纤维素含量（%）	31.25	32.07	32.32	32.67	33.09	33.39
宽度（μm）	136	128	121	109	97	92

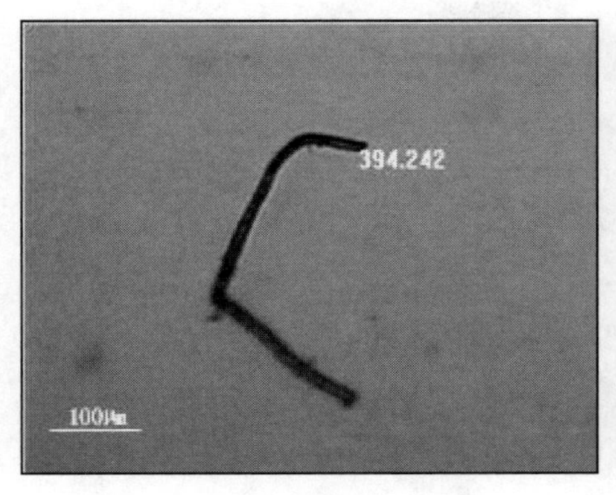

纤维素酶用量 30IU/g(×200)

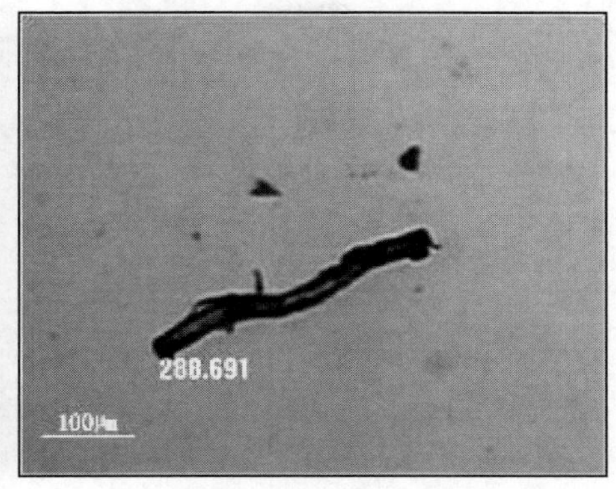

纤维素酶用量 150IU/g(×200)

图 3－38　不同纤维素酶用量下胡萝卜渣生物酶改性纤维素的形态图

由表 3－12 和图 3－38 可知,随着纤维素酶用量的增加,胡萝卜渣生物酶改性纤维素的数量平均长度和宽度减小,而细小纤维素含量增加。当纤维素酶用量为 0～60IU/g 时,随纤维素酶用量的增加,纤维素的数量平均长度有所上升,但上升幅度不大。这是因为虽然酶在细小组分上的酶解作用比纤维素组分占优势,但细小纤维素也具有一定的结晶度,所以在酶解过程中仍有一部分存留在纤维素中,故纤维素的数量平均纤维长度改变不明显。当纤维素酶用量为 60～150IU/g 时,随着纤维素酶用量增加,细小纤维素含量上升,纤维素的数量平均长度下降。这是因为酶活力的增加,使其对纤维素的结晶区作用增强,长纤维素被酶解分裂成尺寸较小的纤维素,纤维素的数量平均长度下降,即细小纤维素含量增加。而纤维素宽度减小说明酶作用,使纤维素表面的 P 层、S1 层脱除,使得纤维素的平均宽度降低。

(2)酶解时间对胡萝卜渣生物酶改性纤维素长度和宽度的影响。

纤维素酶用量为 90IU/g,酶解温度为 50℃,不同酶解时间对胡萝卜渣生物酶改性纤维素数量平均长度和宽度的影响,结果见表 3－13 和图 3－39。

表 3－13　不同酶解时间下胡萝卜渣生物酶改性纤维素的平均长度和宽度

纤维素长度和宽度	酶解时间(h)					
	0	0.5	1	1.5	2	2.5
数量平均长度(μm)	467	434	398	345	312	307
细小纤维素含量(%)	31.25	31.89	32.12	32.56	32.84	32.91
宽度(μm)	136	131	128	117	103	97

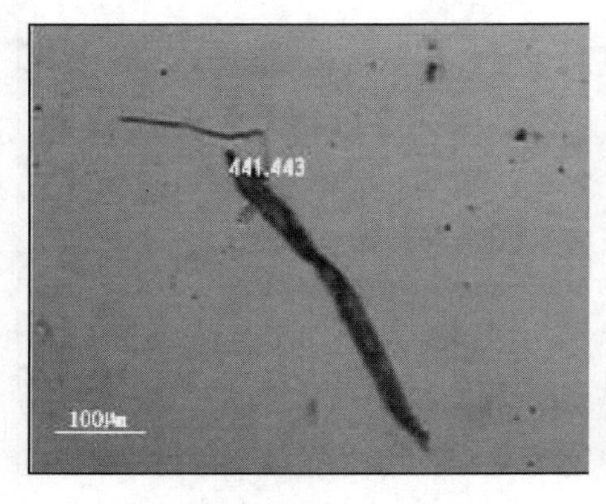

酶解时间 0.5h(×200)

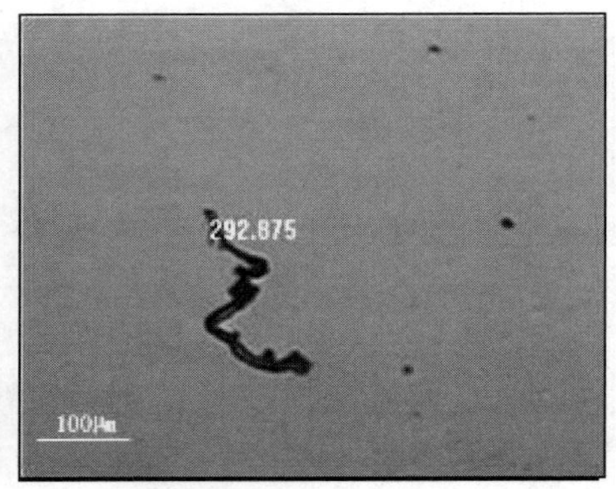

酶解时间 2.5h(×200)

图 3－39　不同酶解时间下胡萝卜渣生物酶改性纤维素的形态图

由表 3－13 和图 3－39 可知,随着酶解时间的增加,胡萝卜渣生物酶改性纤维素的数量平均长度和宽度减小,而细小纤维素含量增加。在酶解时间为 0～1h 时,纤维素的数量平均长度和宽度降幅最大。这是因为在反应初期,纤维素酶很快吸附到纤维素表面发生酶解反应,长链纤维素被降解形成短链纤维素速率加快,短纤维素数目增加,即细小纤维素含量增加。当酶解时间为 1～2h 后,酶解产物浓度逐渐增加,它们对酶系中各组分产生的抑制作用增强,并且酶活力随时间的增加而减少,使纤维素的数量平均长度和宽度降幅变化趋于平缓。

(3)酶解温度对胡萝卜渣生物酶改性纤维素长度和宽度的影响。

纤维素酶用量为 90IU/g,酶解时间为 1h,不同酶解温度对胡萝卜渣生物酶改性纤维素数量平均长度和宽度的影响,结果见表 3－14 和图 3－40。

表 3－14　不同酶解温度下胡萝卜渣生物酶改性纤维素的平均长度和宽度

纤维素长度和宽度	酶解温度(℃)					
	20	30	40	50	60	70
数量平均长度(μm)	447	414	378	321	345	423
细小纤维素含量(%)	31.55	31.79	32.01	32.48	31.67	30.21
宽度(μm)	132	129	118	110	113	128

由表 3－14 和图 3－40 可知,随着酶解温度的增加,胡萝卜渣生物酶改性纤维素的数量平均长度和宽度先减小后增加,而细小纤维素含量增加。在酶反应时间为 20～50℃时,纤维素的数量平均长度和宽度减小。这是因为酶解温度适宜,增加了酶的活力,酶很快吸附到纤维素表面发生酶解反应,长链纤维素被降

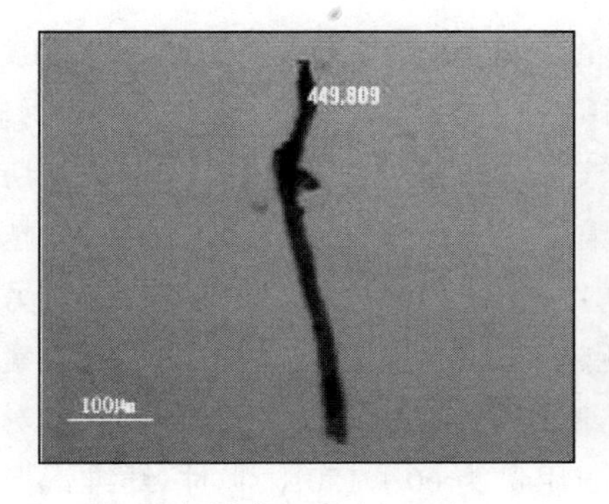

酶解温度 20℃（×200）

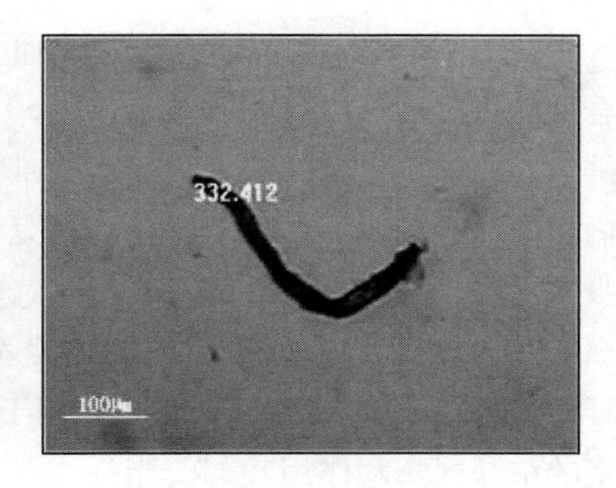

酶解温度 50℃（×200）

图 3－40　不同酶解温度下胡萝卜渣生物酶改性纤维素的形态图

解形成短链纤维素的速率加快，短纤维素数目增加，即细小纤维素含量增加。当酶解温度为 50～70℃时，纤维素的数量平均长度和宽度增加。这是因为酶解温度过高，使一部分酶失活，使酶不能与纤维素发生酶解反应，纤维素的数量平均长度和宽度增加，即细小纤维素含量减小。酶反应中的动力学变化也证明这一结论。反应温度对酶解反应的影响主要有两个方面：随着温度催化速率升高，催化速率也将增加，直至达到最大反应速率；而随着反应温度的进一步升高，酶的热失活使反应速率迅速下降。在较低温度下，热失活对催化反应的影响较低，而在较高温度时，酶的失活的影响逐步增大，最终导致催化活力的不可逆损失。

3. 酶改性条件对胡萝卜渣生物酶改性纤维素聚合度和可及度的影响

（1）纤维素酶用量对胡萝卜渣生物酶改性纤维素聚合度和可及度的影响。

酶解时间为 1h，酶解温度为 50℃，不同纤维素酶用量对胡萝卜渣生物酶改性纤维素聚合度和可及度的影响，结果见图 3－41 和图 3－42。

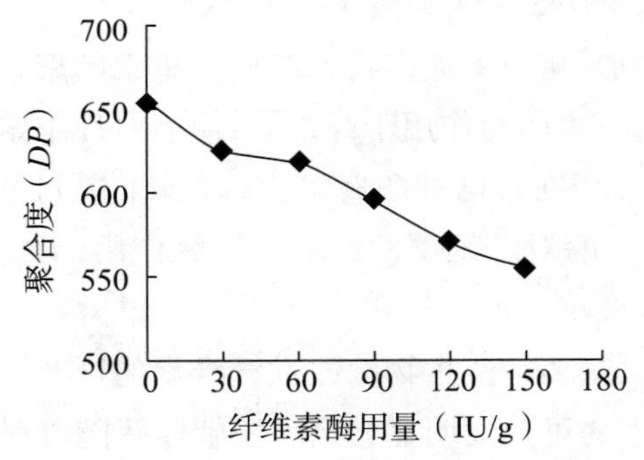

图 3－41　不同纤维素酶用量下胡萝卜渣生物酶改性纤维素的聚合度

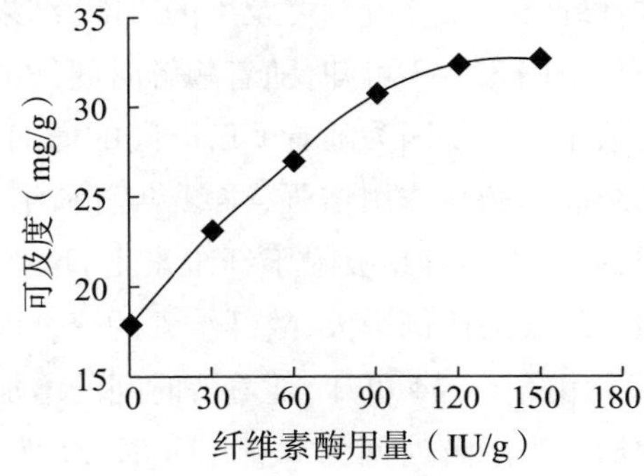

图 3－42　不同纤维素酶用量下胡萝卜渣生物酶改性纤维素的可及度

由图 3－41 可知，随着纤维素酶用量的增加，胡萝卜渣生物酶改性纤维素的聚合度减小。当纤维素酶用量为 0～60IU/g 时，纤维素的聚合度变化不明显。纤维素底物的聚合度决定了末端和内部糖苷键的相对含量，以及分别被外切酶和内切酶作用的底物的相对含量。这是因为一方面纤维素结晶度越高，就越难以吸水润胀，使酶分子难以渗入纤维素作用，无定型区比结晶区易于酶解；另一方面纤维素比表面越大，吸附的酶浓度就越高，酶解速率就越快，细小纤维素比长纤维素易于酶解。因此，酶主要作用于细小纤维素和纤维素的无定型区，对纤维素的结晶区酶解作用较弱。当纤维素酶用量为 60～150IU/g 时，纤维素聚合度减小。这是因为酶对纤维素的结晶区酶解作用增强，半纤维素和细小纤维素已被酶解溶出，减少了空间位阻，使酶更加容易吸附于纤维素上，增强了酶对纤维素的结晶区酶解作用，无定型区纤维素比例增大，故纤维素的聚合度减小。

由图 3－42 可知，随着纤维素酶用量的增加，胡萝卜渣生物酶改性纤维素的可及度增加。当纤维素酶用量为 0～90IU/g 时，纤维素可及度明显升高。这是因为天然纤维素的分子内和分子间存在着大量的氢键，同时纤维素形态结构和聚集态结构的复杂性以及具有的高结晶度，使得大量可反应性羟基被封闭，微孔闭合，造成纤维素的可及度低。纤维素在较低浓度下被降解时，纤维素葡萄糖基环上游离羟基数目增多，反应物的可及度增加，从而使纤维素羟基与其他高分子聚合以化学键结合更容易。当纤维素酶用量为 90～150IU/g 时，酶解产物浓度逐渐增加，它们对酶系中各组分产生的抑制作用增强，纤维素并没有进一步的被酶解，可及度变化趋于平缓。

（2）酶解时间对胡萝卜渣生物酶改性纤维素聚合度和可及度的影响。

纤维素酶用量为 90IU/g，酶解温度为 50℃，不同酶解时间对胡萝卜渣生物酶改性纤维素聚合度和可及度的影响，结果见图 3－43 和图 3－44。

由图 3－43 可知，随着酶解时间的增加，胡萝卜渣生物酶改性纤维素的聚合度减小。这是因为随着酶解时间的增加，更多的酶作用于纤维素，使酶对纤维素的结晶区酶解作用增强，半纤维素和细小纤维素已被酶解溶出，减少了空间位阻，使酶更加容易吸附于纤维素上，增强了酶对纤维素的结晶区酶解作用，无定型区纤维素比例增大，故纤维素的聚合度减小。

由图 3－44 可知，随着解时间的增加，胡萝卜渣生物酶改性纤维素的可及度增加。当酶解时间为 0～1.5h 时，纤维素的可及度明显升高。酶解速率随着时间的增加逐渐增大，纤维素葡萄糖基环上游离羟基数目增多，反应物的可及度增加，与其他高分子聚合物以化学键结合更容易。当酶解时间为 1.5～2.5h 时，纤维素的可及度变化不明显。酶解产物浓度逐渐增加,它们对酶系中各组分产生的抑制作用增强,纤维素并没有进一步的被酶解,可及度变化趋于平缓。

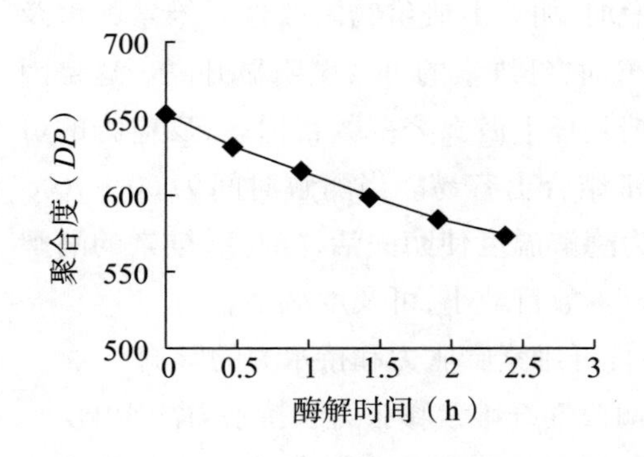

图3－43　不同酶解时间下胡萝卜渣生物酶改性纤维素的聚合度

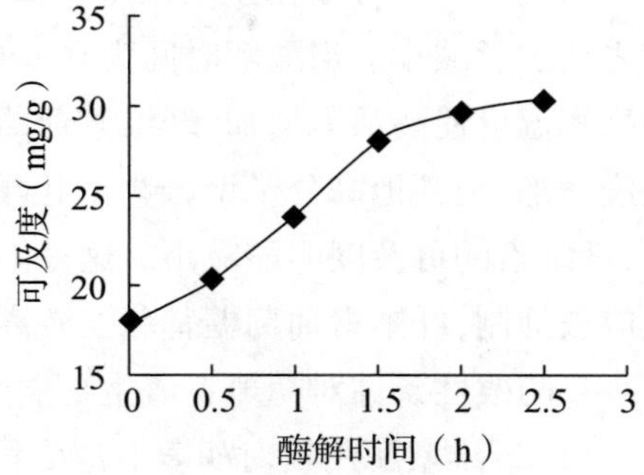

图3－44　不同酶解时间下胡萝卜渣生物酶改性纤维素的可及度

(3)酶解温度对胡萝卜渣生物酶改性纤维素聚合度和可及度的影响。

纤维素酶用量为90IU/g,酶解时间为1h,不同酶解温度对胡萝卜渣生物酶改性纤维素聚合度和可及度的影响,结果见图3－45和图3－46。

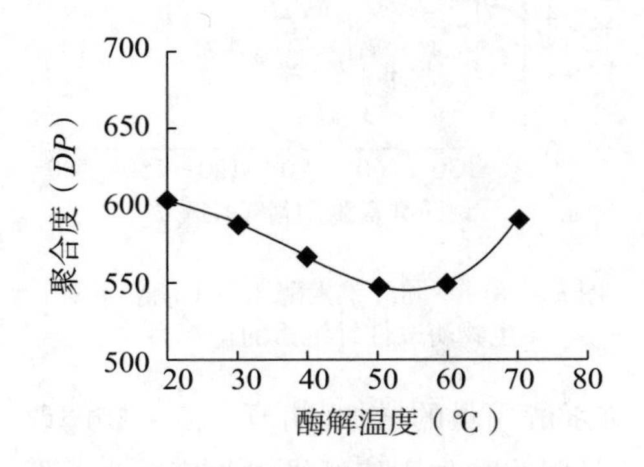

图3－45　不同酶解温度下胡萝卜渣生物酶改性纤维素的聚合度

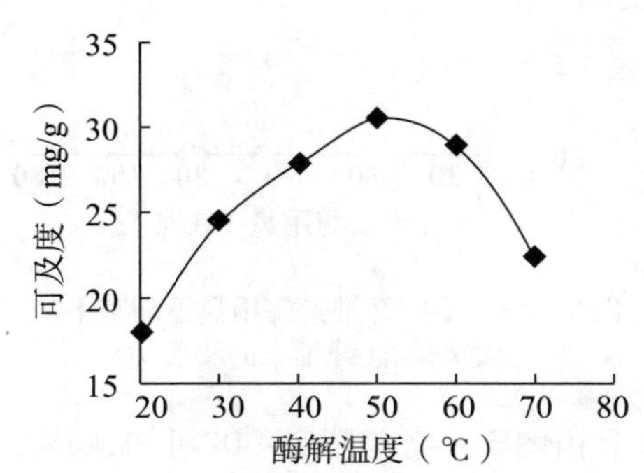

图3－46　不同酶解温度下胡萝卜渣生物酶改性纤维素的可及度

由图3－45可知,随着酶解温度的增加,胡萝卜渣生物酶改性纤维素的聚合度先减小后增加。当酶解温度为0～50℃时,纤维素的聚合度减小。这是因为酶的活力随着温度的升高而增加,更多的酶作用于纤维素,使酶对纤维素的结晶区酶解作用增强,半纤维素和细小纤维素已被酶解溶出,减少了空间位阻,使酶更加容易吸附于纤维素上,增强了酶对纤维素的结晶区酶解作用,无定型区纤维素比例增大,故纤维素的聚合度减小。当酶解温度50～70℃时,纤维素的聚合度增加。这是因为酶解温度增高,使酶失活,酶与底物纤维素的反应受阻,酶对纤维素的结晶区酶解作用减弱,故纤维素的聚合度增加。

由图3-46可知,随着酶解时间的增加,胡萝卜渣生物酶改性纤维素的可及度先增加后减小。当酶解时间为0~50℃时,纤维素的可及度明显升高。这是因为酶解温度使酶活力增加,纤维素葡萄糖基环上游离羟基数目增多,反应物的可及度增加,与其他高分子聚合物以化学键结合更容易。当酶解时间为50~70℃时,纤维素的可及度明显减小。这是因为酶解温度使酶失活,酶与纤维素的酶解反应被抑制,纤维素葡萄糖基环上游离羟基数目减小,可及度减小。

4.酶改性条件对胡萝卜渣生物酶改性纤维素膨胀力和持水力的影响

(1)纤维素酶用量对胡萝卜渣生物酶改性纤维素膨胀力和持水力的影响。

酶解时间为1h,酶解温度为50℃,不同纤维素酶用量对胡萝卜渣生物酶改性纤维素膨胀力和持水力的影响,结果见图3-47和图3-48。

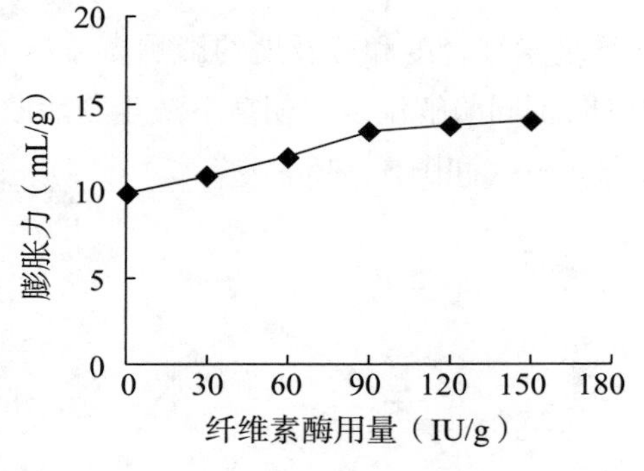

图3-47 不同纤维素酶用量下胡萝卜渣生物酶改性纤维素的膨胀力

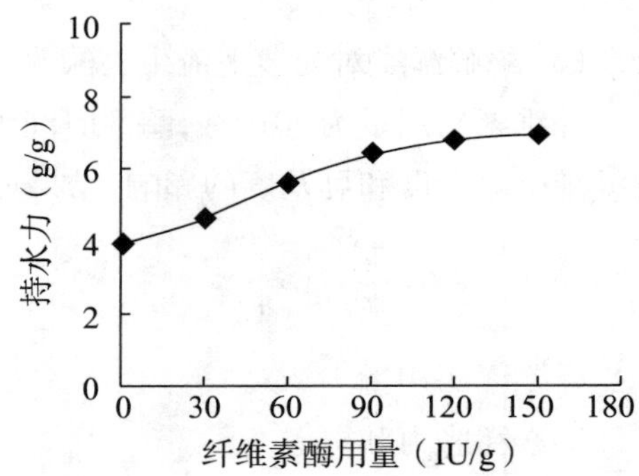

图3-48 不同纤维素酶用量下胡萝卜渣生物酶改性纤维素的持水力

由图3-47与图3-48可知,随着纤维素酶用量的增加,胡萝卜渣生物酶改性纤维素的膨胀力和持水力逐渐提高。这是因为酶作用使纤维素长度减小。纤维素长度减小,吸水的表面积增大,从而增加纤维素的膨胀力和持水力。当纤维素酶用量90~150IU/g时,膨胀力和持水力增幅减小。这是因为酶达到适合用量时,酶解产物过多抑制酶与底物反应,反应达到平衡。

(2)酶解时间对胡萝卜渣生物酶改性纤维素膨胀力和持水力的影响。

纤维素酶用量为90IU/g,酶解温度为50℃,不同酶解时间对胡萝卜渣生物酶改性纤维素膨胀力和持水力的影响,结果见图3-49和图3-50。

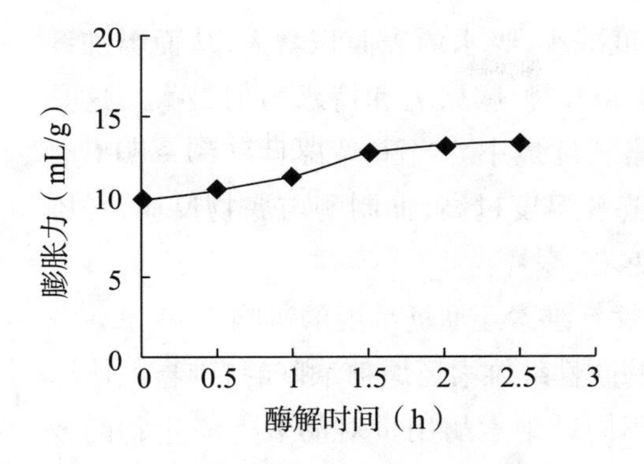

图 3－49 不同酶解时间下胡萝卜渣生物酶改性纤维素的膨胀力

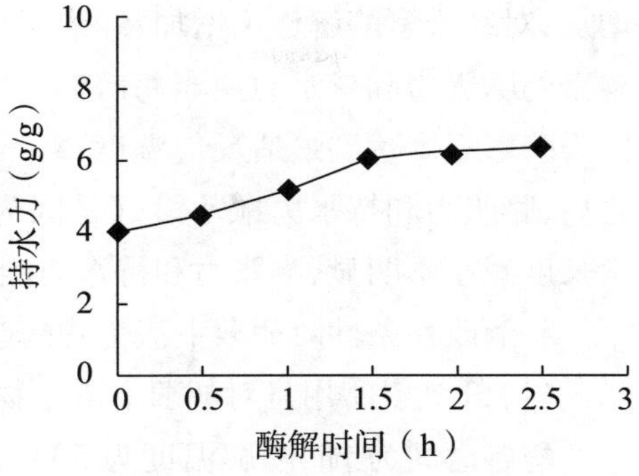

图 3－50 不同酶解时间下胡萝卜渣生物酶改性纤维素的持水力

由图 3－49 与图 3－50 可知，随着酶解时间的增加，胡萝卜渣生物酶改性纤维素的膨胀力和持水力逐渐提高。这是因为酶解时间的增加，使更多的纤维素被酶解，纤维素长度减小。纤维素长度减小，吸水的表面积增大，从而增加纤维素的膨胀力和持水力。当酶解时间 1.5～2.5h 时，膨胀力和持水力增幅减小。这是因为酶反应达到适合时间时，酶解产物过多抑制酶与底物反应，反应达到平衡。

（3）酶解温度对胡萝卜渣生物酶改性纤维素膨胀力和持水力的影响。

纤维素酶用量为 90IU/g，酶解时间为 1h，不同酶解温度对胡萝卜渣生物酶改性纤维素膨胀力和持水力的影响，结果见图 3－51 和图 3－52。

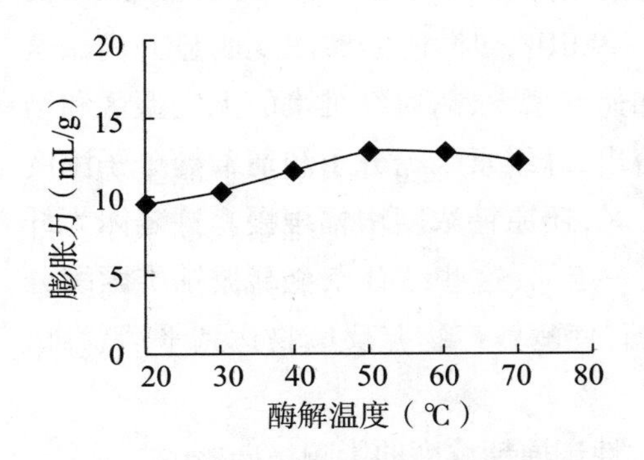

图 3－51 不同酶解温度下胡萝卜渣生物酶改性纤维素的膨胀力

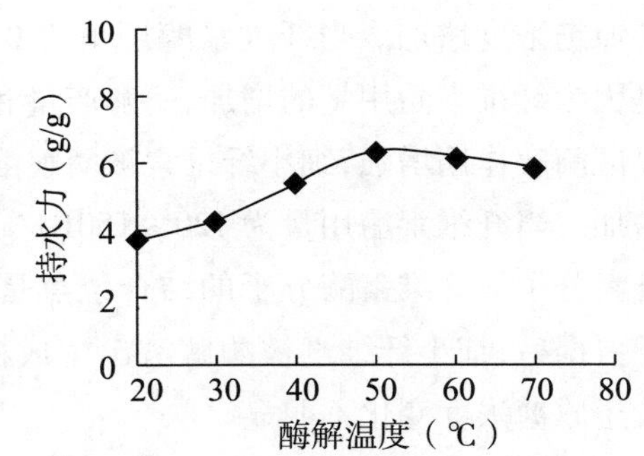

图 3－52 不同酶解温度下胡萝卜渣生物酶改性纤维素的持水力

由图 3－51 与图 3－52 可知，随着酶解温度的先增加后减小，胡萝卜渣生物酶改性纤维素的膨胀力和持水力逐渐提高。这是因为酶解温度增加，使酶活力增加,对纤维素酶解作用增加,纤维素长度减小,吸水的表面积增大,从而增加纤维素的膨胀力和持水力。当酶解温度为50℃时,膨胀力和持水力值最大。这是因为酶解温度达到最适反应温度,纤维素长度最小。当酶解温度为60~70℃时之后,膨胀力和持水力减小。这是因为酶解温度过高,抑制酶与底物反应,纤维素长度减小不明显,膨胀力和持水力能变差。

5. 酶改性条件对胡萝卜渣生物酶改性纤维素还原糖浓度的影响

(1)纤维素酶用量对胡萝卜渣生物酶改性纤维素还原糖浓度的影响。

酶解时间为1h,酶解温度为50℃,不同纤维素酶用量对胡萝卜渣生物酶改性纤维素还原糖浓度的影响,结果见图3-53。

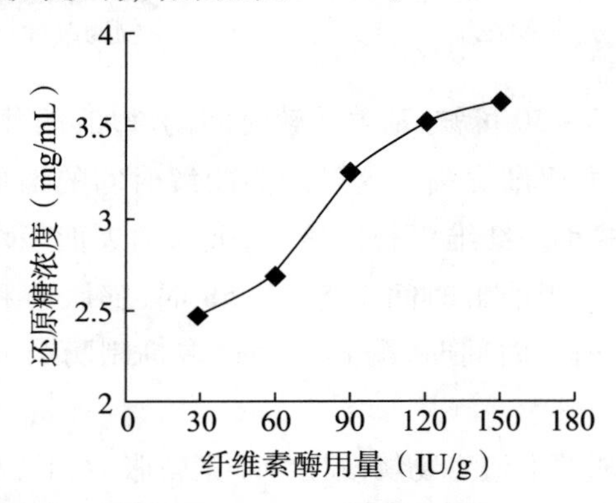

图3-53 不同纤维素酶用量下胡萝卜渣生物酶改性纤维素的还原糖浓度

由图3-53可知,随着纤维素酶用量的增加,胡萝卜渣生物酶改性纤维素的还原糖浓度增加。当纤维素酶用量为0~90IU/g时,还原糖浓度明显升高。这是因为纤维素酶用量的增加,酶解产量和速率增大,酶对纤维素的无定型区和结晶区酶解作用增强,细小纤维素被酶解溶出,纤维素二糖分子和葡萄糖分子浓度增加。当纤维素酶用量为120~150IU/g时,还原糖浓度增幅缓慢。这是因为纤维素分子与纤维素酶分子的结合位点是一定的,这些结合点全部被纤维素酶分子占据后,细小纤维素被酶解溶出生成糖,使酶解产物与反应物达到平衡状态,故还原糖浓度变化不明显。

(2)酶解时间对胡萝卜渣纤维素酶改性还原糖浓度的影响。

纤维素酶用量为90IU/g,酶解温度为50℃,不同酶解时间对胡萝卜渣生物酶改性纤维素还原糖浓度的影响,结果见图3-54。

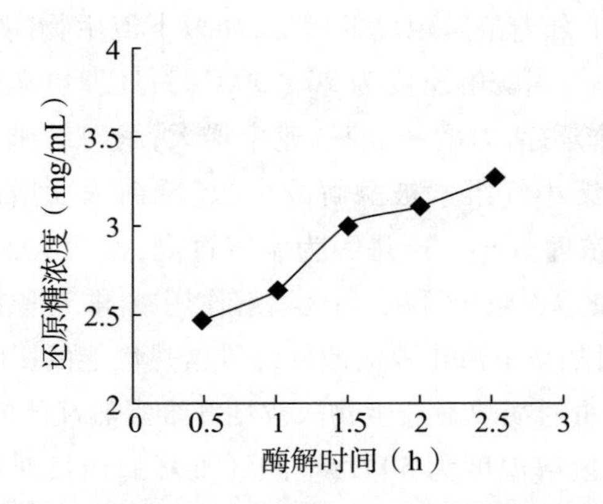

图 3－54　不同酶解时间下胡萝卜渣生物酶改性纤维素的还原糖浓度

由图 3－54 可知，随着酶解时间的增加，胡萝卜渣生物酶改性纤维素的还原糖浓度增加。这是因为酶解时间的增加，半纤维素酶作用增强，纤维素中束缚纤维素的半纤维素和木质素被清除，更多的酶进入到纤维素内，酶解速率增大，酶解产物糖增加。鲁杰等对纤维素酶酶解纤维素的研究也证明这一结论：反应初期纤维素酶主要作用在纤维素中无定形区，随着反应的进行，氢氧化钠将物料中半纤维素和木质素大部分脱除，纤维素酶易于渗透入纤维素细胞，使得纤维素酶解。

（3）酶解温度对胡萝卜渣生物酶改性纤维素还原糖浓度的影响。

纤维素酶用量为 90IU/g，酶解时间为 1h，不同酶解温度对胡萝卜渣生物酶改性纤维素还原糖浓度的影响，结果见图 3－55。

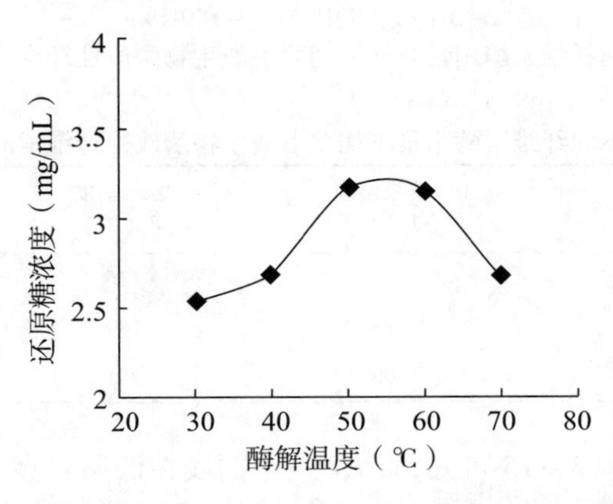

图 3－55　不同酶解温度下胡萝卜渣生物酶改性纤维素的还原糖浓度

由图 3－55 可知，随着酶解温度的增加，胡萝卜渣生物酶改性纤维素的还原糖浓度先增加后减小。当酶解温度为 20～50℃时，还原糖浓度明显升高。这是因为酶解温度的增加，酶活力增强，酶解速率增大，酶对纤维素的无定型区和结晶区酶解作用增强，细小纤维素被酶解溶出，还原糖浓度增加。当酶解温度为 60～70℃时，还原糖浓度减小。这是因为温度过高，使酶失活，酶与底物反应速率减缓，酶对纤维素的无定型区和结晶区酶解作用减弱，还原糖浓度减小。

6. 酶改性条件对胡萝卜渣生物酶改性纤维素热性能的影响

（1）纤维素酶用量对胡萝卜渣生物酶改性纤维素热性能的影响。

酶解时间为 1h，酶解温度为 50℃，不同纤维素酶用量对胡萝卜渣生物酶改性纤维素热性能的影响，结果见图 3－56 和表 3－15。

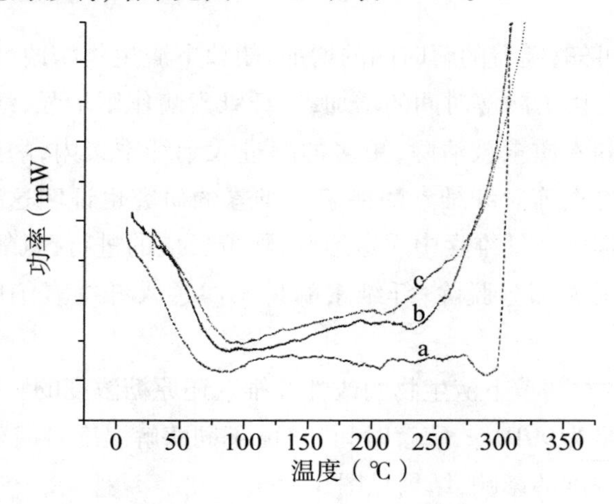

a－0IU/g；b90IU/g；c－150IU/g

图 3－56　不同纤维素酶用量条件下胡萝卜渣生物酶改性纤维素的 DSC 曲线

表 3－15　不同纤维素酶用量下胡萝卜渣生物酶改性纤维素的 DSC 参数

纤维素酶用量（IU/g）	结晶温度 T_c（℃）	熔融温度 T_m（℃）	氧化温度 T_o（℃）
0	78	126	291
90	85	189	234
150	90	201	215

由图 3－56 和表 3－15 可知，a、b、c 三个曲线在低温和高温处分别有一个放热峰，在中温处有一个吸热峰。第一个放热峰极值温度（T_c）在 78℃附近开始，而吸热峰极值温度（T_m）在 126℃附近开始；并且随着纤维素酶用量的增加，T_c 和 T_m

升高。第二个放热峰极值温度（T_o）在215℃附近开始；随着纤维素酶用量的增加，T_o降低。

（2）酶解时间对胡萝卜渣生物酶改性纤维素热性能的影响。

纤维素酶用量为90IU/g，酶解温度为50℃，不同酶解时间对胡萝卜渣生物酶改性纤维素热性能的影响，结果见图3－57和表3－16。

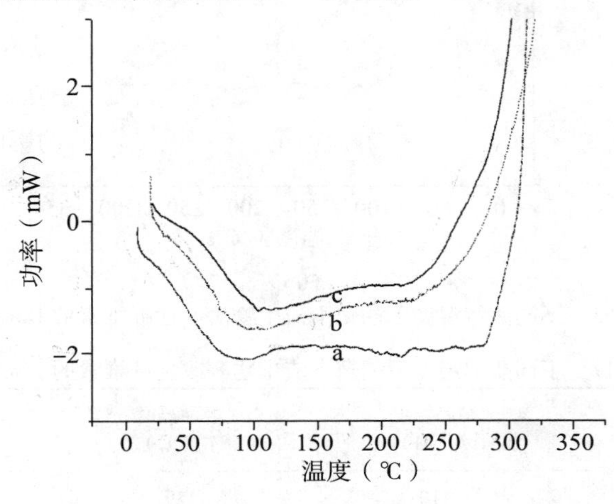

a－0h；b－1.5h；c－2.5h

图3－57　不同酶解时间下胡萝卜渣生物酶改性纤维素的DSC曲线

表3－16　不同酶解时间下胡萝卜渣生物酶改性纤维素的DSC参数

酶解时间（h）	结晶温度 T_c（℃）	熔融温度 T_m（℃）	氧化温度 T_o（℃）
0	86	122	279
1.5	95	189	224
2.5	104	191	216

由图3－57和表3－16可知，a、b、c三个曲线在低温和高温处分别有一个放热峰，在中温处有一个吸热峰。第一个放热峰极值温度（T_c）在86℃附近开始，而吸热峰极值温度（T_m）在122℃附近开始；并且随着酶解时间的增加，T_c和T_m升高。第二个放热峰极值温度（T_o）在216℃附近开始；随着酶解时间的增加，T_o降低。

（3）酶解温度对胡萝卜渣生物酶改性纤维素热性能的影响。

纤维素酶用量为90IU/g，酶解时间为1h，不同酶解温度对胡萝卜渣生物酶改性纤维素热性能的影响，结果见图3－58和表3－17。

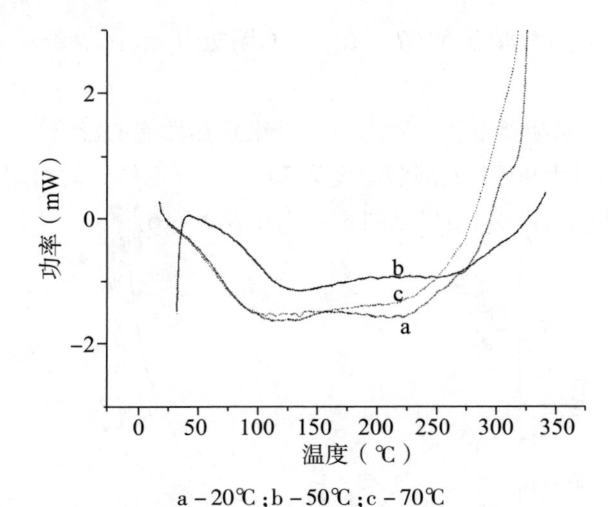

a－20℃；b－50℃；c－70℃

图3－58　不同酶解温度下胡萝卜渣生物酶改性纤维素的DSC曲线

表3－17　不同酶解温度下胡萝卜渣生物酶改性纤维素的DSC参数

酶解温度（℃）	结晶温度 T_c（℃）	熔融温度 T_m（℃）	氧化温度 T_o（℃）
20	110	159	218
50	127	218	257
70	105	188	211

由图3－58和表3－17可知，a、b、c三个曲线在低温和高温处分别有一个放热峰，在中温处有一个吸热峰。第一个放热峰极值温度（T_c）在105℃附近开始，而吸热峰极值温度（T_m）在159℃附近开始，第二个放热峰极值温度（T_o）在211℃附近开始；酶解温度为50℃时，T_c、T_m和T_o最高。这是因为酶解温度过低和过高，都会使酶失去活力，不能对纤维素进行酶解，纤维素结构不发生改变。

（三）生物酶改性正交试验

因此，纤维素酶用量、酶解时间及酶解温度是胡萝卜渣生物酶改性纤维素的关键反应条件，故对这三个因素进行正交试验。正交试验结果和极差分析结果见表3－18。由表3－18可知，各因素对胡萝卜渣生物酶改性纤维素的影响主次顺序为纤维素酶用量（A）>酶解时间（B）=酶解温度（C）。胡萝卜渣生物酶改性纤维素工艺的优选方案为$A_3B_3C_3$。

表3-18　胡萝卜渣生物酶改性纤维素还原糖浓度极差分析

试验序号		A	B	C	还原糖浓度(mg/mL)
1		1	1	1	2.03
2		1	2	2	2.32
3		1	3	3	2.85
4		2	1	2	2.49
5		2	2	3	3.12
6		2	3	1	2.81
7		3	1	3	3.14
8		3	2	1	2.93
9		3	3	2	3.33
还原糖浓度(mg/mL)	K_1	2.40	2.55	2.59	
	K_2	2.81	2.79	2.71	
	K_3	3.13	3.00	3.04	
	R	0.73	0.45	0.45	
	最优水平	A_3	B_3	C_3	
	主次因素		$A>B=C$		
	最优组合		$A_3B_3C_3$		

正交试验的方差分析结果见表3-19。由表3-19可知,胡萝卜渣生物酶改性纤维素还原糖浓度的影响主次顺序为酸浓度(A)>酶解时间(B)=酶解温度(C),与极差分析结果一致。显著性检验表明,纤维素酶用量(A)、酶解时间(B)和酶解温度(C)对纤维素还原糖浓度的影响达到极显著水平。最优组合为$A_3B_3C_3$,即纤维素酶用量为90IU/g,酶解时间1.5h,酶解温度50℃。在此优化工艺条件下,纤维素的还原糖浓度为3.67mg/mL。

表3-19　胡萝卜渣生物酶改性纤维素还原糖浓度方差分析

方差来源	偏差平方和	自由度	均方和	F	P
模型	1.424	6	0.237	48.45	0.020
A	0.810	2	0.405	82.64	0.012
B	0.295	2	0.148	30.13	0.032
C	0.319	2	0.160	32.58	0.030
误差	0.010	2	0.005		
总和	1.434	8			

(四)生物酶改性纤维素的结构表征

1. SEM 表征

在纤维素酶用量为90IU/g、酶解时间1.5h和酶解温度50℃工艺条件下，生物酶改性纤维素127倍、500倍、2500倍和5000倍SEM结果见图3－59的a、b、c和d。

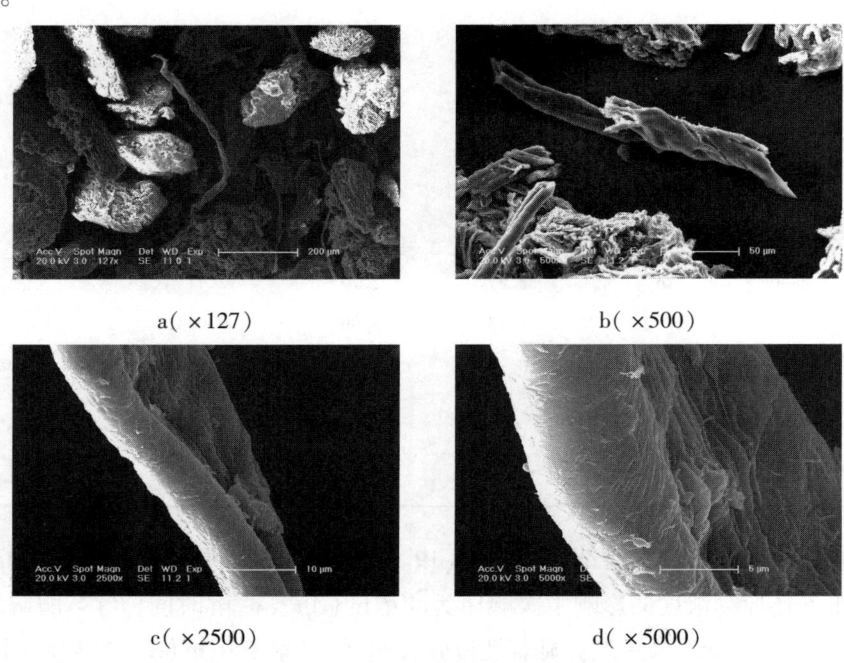

a(×127)　　b(×500)

c(×2500)　　d(×5000)

图3－59　胡萝卜渣生物酶改性纤维素的SEM图

由图3－59的a、b、c和d可知，生物酶改性纤维素干燥后发生团聚，边缘含有细小组分及碎片，纤维素的次生壁微纤维素暴露，细胞壁层的脱除，并发生分丝帚化现象，纤维素酶解过程中出现“剥皮”现象，纤维素表面出现孔洞和沟槽，纤维素的断裂主要发生于孔洞处。而纤维素的外表面积则与其形状和大小直接相关，可以通过电镜观察纤维素直接测定。纤维素酶的吸附性和纤维素的反应活性，随着纤维素表面积的降低而不断升高。然而，纤维素减小除了会使外表面积的增加，其更大作用可能是减少传质阻力，因为对于大多数底物，外表面积在其全部表面积中所占比例很小。另外，一些处理方法在降低纤维素结晶度的同时也增加了其表面积，而且这些方法的处理可以提高纤维素的水解速率。

2. X 射线衍射表征

在胡萝卜渣纤维素和胡萝卜渣微晶纤维素X－ray结果见图3－60，结晶度和微晶尺寸见表3－20。

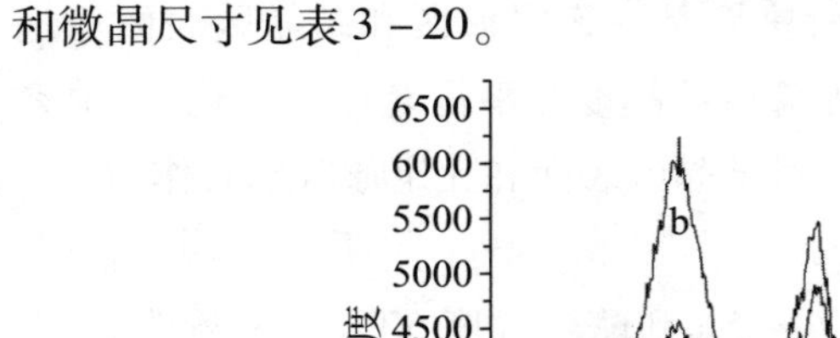

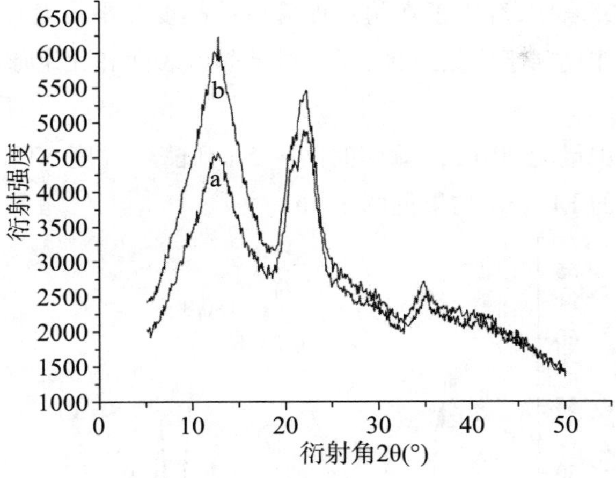

a－CPC；b－CPEMC

图3－60　胡萝卜渣生物酶改性纤维素的X－ray图谱

表3－20　胡萝卜渣生物酶改性纤维素的结晶度和微晶尺寸

名称	晶体类型	结晶度Xc(%)	002	101	$\bar{1}01$
CPC	纤维素Ⅰ	16.7	15.3	16.4	16.9
CPEMC	纤维素Ⅰ	25.2	16.2	16.8	17.1

由图3－60可知，X－ray在衍射曲线上既有尖锐峰又有比较平的弥散峰，说明胡萝卜渣生物酶改性纤维素不是100%结晶，仍保持结晶区与非结晶区即无定形区同时共存的状态。X－ray在衍射角为14.76°、22.81°和35.1°均出现了特征衍射峰，与纤维素Ⅰ型特征衍射峰所在的衍射角一致。这是因为胡萝卜渣纤维素在酶解后，微晶纤维素的晶型结构并未改变，仍是典型的纤维素Ⅰ型。

由表3－20可知，纤维素的结晶度由16.7%提高到25.2%，一方面可能因为酶解过程对原纤维素结构中疏松的无定形区破坏不明显，结晶区比例相应略有增加；另一方面可能因为纤维素酶并非只作用于纤维素无定形区，而对结晶区的表面和无定形区都有作用，维持结晶区和无定形区的比例不变，所以结晶度不变。同时胡萝卜渣纤维素微晶尺寸为15.3～16.9nm，酶解后微晶纤维素3个晶面的微晶尺寸为16.2～17.1nm，微晶尺寸增大了，但变化不明显。这是因为酶解在纤维素表面的纤维素无定形区域和半纤维素的存在区域进行，所以酶解作用使纤维素以及细小组分的结晶度提高，半纤维素含量降低，从而使纤维素和细小组分的表面水化程度降低。而生物酶改性纤维素垂直于3个晶面的平均微晶尺寸比纤维素小，这就更进一步说明酶解主要是在无定形区和结晶区表面上进行。科研人员研究表明，纤维素在酶处理前后结晶度几乎没有什么变化，纤维素酶的水解作用并非局限于无定形区，而是对结晶区表面和无定形区都有作用。

3. FTIR 表征

在纤维素酶用量为 90IU/g、酶解时间 1.5h 和酶解温度 50℃ 工艺条件下，生物酶改性纤维素的 FT－IR 结果见图 3－61。

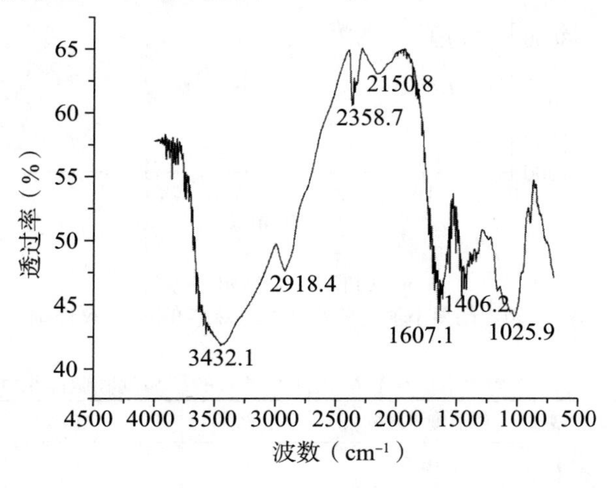

图 3－61　胡萝卜渣生物酶改性纤维素的 FT－IR 图谱

由图 3－61 可知，胡萝卜渣微晶纤维素在 3432.1cm^{-1}附近很强很宽的谱带是羟基（—OH）的伸缩振动；在 2918cm^{-1} CH、CH_2伸缩振动；在 1406.2cm^{-1}，是 CH、CH_2变形振动；另一个强峰则位于 1025.9cm^{-1}，且在主峰两侧还有很多弱的肩峰，这些谱带对应于纤维素分子中的 C ═ O 和—OH 的吸收。谱图上的特征峰和纤维素中包含 CH、CH_2、—OH、C ═ O 等基团并没有明显的变化，仍然具有纤维素的基本化学结构。说明胡萝卜渣生物酶改性纤维素性能发生改变，但仍保留纤维素 Ⅰ 型结构。在 1607.1cm^{-1}有一强吸收峰，是蛋白质出现“酰胺 Ⅰ 吸收带”，即 C ═ O 的伸缩振动。可能是因为生物酶具有蛋白质的结构，在酶水解过程中，残留在纤维素上引起的。

（五）小结

以胡萝卜渣纤维素为原料，采用生物酶改性纤维素，通过对胡萝卜渣生物酶改性纤维素的研究得出以下结论：

（1）经胡萝卜渣纤维素经酶解后，纤维素形态未发生明显改变，数均平均长度为 287 ~ 423μm；随着酶用量、酶解时间和酶解温度的增加，胡萝卜渣生物酶改性纤维素的可及度、膨胀力、持水力、还原糖浓度增加,而聚合度和 T_c、T_m 变化不明显。当达到最适酶反应条件时,其性能变化显著:一方面因为酶反应条件过低或过高,会抑制酶的反应活力,使酶反应速率降低,另一方面因为酶促反应是可逆的,随着酶解反应进行,酶解产物逐渐增加,抑制了酶解作用;

(2)正交试验的极差分析和方差分析可知,胡萝卜渣生物酶改性纤维素还原糖浓度的影响主次顺序为酸浓度(A) > 酶解时间(B) = 酶解温度(C)。显著性检验表明,纤维素酶用量(A)、酶解时间(B)和酶解温度(C)对纤维素还原糖浓度的影响达到极显著水平。最优组合为 $A_3B_3C_3$,即纤维素酶用量为90IU/g,酶解时间1.5h,酶解温度50℃。在此优化工艺条件下,还原糖浓度为3.67mg/mL。

(3)通过SEM、X - ray和FT - IR技术手段分析胡萝卜渣生物酶改性纤维素的结构。SEM分析结果可知,生物酶改性纤维素干燥后发生团聚,边缘含有细小组分及碎片,纤维素的次生壁微纤维素暴露,细胞壁层的脱除,并发生分丝帚化现象,纤维素酶解过程中出现“剥皮”现象,纤维素表面出现孔洞和沟槽,纤维素的断裂主要发生于孔洞处,纤维素大小改变与显微镜观测的结果相一致;X - ray分析结果可知,结晶度由16.7%提高到25.2%,并且微晶尺寸由15.4 ~ 16.8nm增加为16.2 ~ 17.1nm,结晶度和微晶尺寸变化均不明显;FT - IR分析结果可知,酶水解使纤维素的性能改变,但仍然具有纤维素的基本化学结构和保留纤维素Ⅰ型结构。

综上所述,生物酶改性纤维素是一种节能、环保和针对性强的新型改性方法。适当的酶解条件,可增加纤维素比表面积和反应性能。纤维素分子内结构疏松的无定形区遭受破坏,使之发生重取向而呈现更为有序的状态,可以改善纤维素的性能。纤维素的结晶度虽然提高,但改变并不明显,并且纤维素仍保持结晶区与非结晶区即无定形区同时共存的状态。

第四章　改性纤维可食复合膜的研究

近年来,可食复合膜(以下简称可食膜)以其原料来源丰富多样、无毒可食和绿色环保等优点,成为食品、药品和包装等领域的研究热点。然而,单一组分形成的可食膜在性能上有一定的缺陷,影响了可食膜的应用,所以研究人员利用不同材料功能上的互补性,克服可食膜存在的问题,使膜具有更为理想的性能。

随着人们环保意识的增强及对食品品质要求的提高,可降解塑料及可食性包装已成为食品加工和包装领域研究的一大热点。可食性膜是指由可食性材料形成的复合膜,它主要由蛋白质(大豆分离蛋白、乳清蛋白和明胶等)、多糖(淀粉、纤维素和果胶等)和脂质(石蜡、硬脂酸和软脂酸等)等天然大分子物质构成的成膜材料。可食膜通过防止气体、水汽和溶质等的迁移来避免食品在贮运过程发生风味、质构等方面的变化,进而保证食品的质量,延长食品货架期,或降低包装成本。可食膜具有如下属性:(a)阻湿特性;(b)阻氧特性;(c)阻止油脂迁移特性;(d)阻溶质性。可食性膜具有的阻隔性、安全性、无环境污染等优点,使其具有广阔的开发和应用前景。

第一节　可食膜性能的研究

可食膜的性能主要包括机械性能(抗拉强度、穿刺强度和断裂伸长率)、阻隔性能(水蒸气透过性、透油性和透氧性)、溶解性能(在水溶液中的总可溶性物质量及在2-巯基乙醇、脲、十二烷基磺酸钠和盐酸胍溶液中的溶解性)、表面疏水性、水分吸附性能、光学性能(透光率、亨特 L 值、a、b 值)、热学性能(玻璃态转变温度、结晶温度、熔融温度和氧化温度)、相容性能与界面结构(FT-IR 图谱、SEM 和 TEM 图像)、聚集态结构(结晶度、微晶尺寸和取向度)等。

一、机械性能和阻隔性能

可食膜的理化性能主要有机械性能和阻隔性能,反映了材料在外力作用下变形程度或抵抗破坏的能力,这些性能变化取决于成膜条件、完整性、结晶度、亲水基团—疏水基团的比例、大分子链的流动性以及增塑剂或其他添加剂的相互作用。Perez - gago 和 Krochta 研究发现乳清蛋白溶解度随着溶解时间和温度增加而减小，在 25℃水中溶解 24h 和 100℃水中溶解 4min 的溶解度无明显差别，而在 100℃时溶胀性最大。加热变性乳清蛋白比乳清蛋白氧气透过率低，同时随着加热变性乳清蛋白增加，其共价交联作用增强，导致膜的高拉伸强度和低的氧气透过率。Chiou 等研究在干燥温度 4、23、40、60℃下鱼胶蛋白膜成膜工艺，分析低温和高温干燥下膜的 TS、热学性能、热稳定性能、吸湿性和水蒸气透过系数。研究表明低温干燥使鱼胶蛋白保持着螺旋结构，高温干燥则使其变性；与高温干燥下膜相比，低温干燥下膜的 *TS* 和 *E* 更高，吸湿等温曲线的水分含量变化更稳定；但低温下膜的 *WVP* 是高温下的 2 到 3 倍，可能因为低温下膜内水分含量高。Soliman 和 Furuta 等研究通过射线改善玉米蛋白膜的性能，分析不同辐射量对玉米蛋白分子结构的影响。黏度测量法测得射线使玉米醇溶蛋白分子发生分裂和聚合，并且 CD 光谱显示其多肽结构的发生改变。宏观表现为随着辐射量的增加，*TS* 减小，*E* 增加，*WVP* 减小，并且色度值中 *b* 值显著减小。Pelissari 等对淀粉、壳聚糖和牛至精油可食膜抗菌性和理化性能的研究。研究发现，可食膜加入牛至精油对蜡样芽孢杆菌、大肠杆菌、沙门菌、金黄色葡萄球菌四种菌的抗菌作用；改善可食膜的阻隔性能和拉伸性能；通过对 TGA 分析可知，壳聚糖和牛至精油对热学性能无影响。Pereda 等研究在酪蛋白酸钠、壳聚糖、甘油为材料制备可食膜，并采用 SEM 和 FT - IR 光谱分别观测冷冻断面和测定壳聚糖/酪蛋白复合膜电解质络合情况，分析复合膜相互作用和相溶性能。在相对湿度为 50% 时，甘油添加（28%）使复合膜强度从 290. 8MPa 减小到 250. 9MPa，而 *E* 从 4% 增加到 63. 2%；相对湿度增至 80% 时，使强度减小到 52. 8MPa，与增塑剂对壳聚糖膜强度影响效果相同；壳聚糖添加使复合膜的拉伸强度（19. 6MPa）和冲击强度（35. 6GPa）略有提高，而酪蛋白酸钠添加使复合膜的强度（6. 2MPa 和 13. 4GPa）显著提高。说明壳聚糖聚合物的阳离子和酪蛋白的羧基，使其与甘油以聚电解质络合，从而提高了膜的性能。Chen 等添加不同亲水亲油平衡值（HLB）的蔗糖脂表面添性剂改善木薯淀粉阻水性的性能，测定膜的水分吸附等温曲线、机械性能、微观结构和光学性能。添加表面活性剂可食膜阻水性能提高，而 *TS* 和 *E* 减小，透明度降低。随着表面活性剂的 HLB 的增加，*WVP* 和 *TS* 减小；而且随表面活性剂含量的增加，膜的 *WVP*、*TS*、*E* 和平衡含水率增加，不透明度增加。

二、热分析

热分析是指用热力学参数或物理参数随温度变化的关系进行分析的方法。热分析技术主要用于反映物质的相变，如通过差示扫描量热法（DSC）和差热分析（DTA）研究玻璃转变行为；用动态力学分析（DMA）分析模量和力学损耗等。可食膜是一种高分子材料，其热行为是衡量其性能的主要指标之一。Chen 等使用不同扫描热量对大豆蛋白膜进行测试，分析不同相对湿度（RH）条件下甘油对大豆蛋白的玻璃转化温度（T_g）的影响，使用小角 X－ray 对其微观结构进行探讨。结果表明，大豆蛋白膜混合体系中有三个 T_g，分别是甘油（T_{g1}）、大豆蛋白（T_{g2}）和水分（T_{g3}）。在 RH 为 75% 下，随着甘油含量增加，T_{g1}减小，而 T_{g2}和 T_{g3}无变化；随着 RH 的增加，T_{g1}、T_{g2}和 T_{g3}减小；随着 RH 增加，膜的拉伸强度和 T_g 减小，断裂伸长率增加。上述结果说明，环境 RH 显著影响着大豆蛋白膜的 T_g 和微观结构，导致膜的机械和热学性能的改变。Maftoonazad 等研究山梨醇和水分含量对膜吸湿性能的影响，分析膜的吸湿性能从而获得吸湿等温曲线（MSI）。证明了膜的 MSI 取决于膜基质中不同成分与水的相互作用，G. A. B 模型由 B. E. T 模型修正而来，而吸湿数据的模型对于分析膜在低湿度和中等湿度环境下的水分活力（a_w）有一定的意义。采用 DMA 和 DSC 对膜的机械性能、热学性能和玻璃转化温度（T_g）进行测试发现，在 a_w 为 0.53 时，膜具有最高的水分含量；山梨醇具有强增塑性，而 T_g 和水分含量数据完全符合 F. O. X 模型；另外，随着山梨醇和水分含量增加，*TS* 减小，但 *E*、弹性模量、T_g 和 *WVP* 增加。

三、结构表征

可食膜依靠分子内和分子间的范德华力和氢键而堆砌凝聚在一起形成聚集态结构，它包括晶态、非晶态、取向态和多相态结构。目前，研究人员通过原子力显微镜、X 射线光电子谱、动态力学分析谱等技术手段对可食膜的聚集态结构进行分析。Romero－Bastida 研究不同种类淀粉可食膜的物理化学性质和微观性能，将淀粉碱处理和加热处理，用甘油改性。分析 X－ray、SEM、水蒸气透过系数和机械性能，热处理的淀粉膜均匀的表面，没有孔洞和裂痕，并且阻隔性和机械性能好于碱处理，另处，膜厚度影响膜的阻隔性和机械性能，在 X 射线衍射实验证实，热处理的淀粉膜具有高重结晶度。Talja 等采用不同的马铃薯品种提取马铃薯淀粉，分析马铃薯淀粉中直链淀粉含量和凝胶化性能，并将其制备成可食膜，利用 X－ray 探讨纯淀粉和可食膜的结晶性能。结果表明，马铃薯淀粉中直链淀粉含量在11.9%～20.1%时，相对结晶度范围为10%～13%；马铃薯淀粉凝胶温度为58～69℃，相对结晶度范围为0～4%。Parameswara等使用广角X-ray分析甘油和聚乙二醇对HPMC膜微观结构的影响。数据的线性分析（LPA）结果表明，HPMC膜的晶粒尺寸、晶体取向及其程度与增塑剂含量成正相关。说明增塑剂的添加使HPMC膜分子间的弱键和氢键数量减小，而单位晶胞体积增加。Denavi等以SPI与明胶为基材制备可食性复合膜，同时研究其结构和功能的相互关系。DSC测试结果发现，复合膜中明胶发生变性，但SPI仍保持原有结构；FT-IR谱图显示，在25%SPI/明胶复合膜中，明胶分子链发生聚集而完全变性，明胶与SPI分子间通过C=O连接。

第二节　大豆分离蛋白膜的研究

大豆分离蛋白是一种质优价廉、来源丰富的植物蛋白。大豆分离蛋白分子中存在大量的氢键、疏水键、离子键等作用，同时具有许多重要的功能特性，使得大豆蛋白具有较好的成膜性能。近来有研究表明，大豆分离蛋白膜具有良好的阻气性，且大豆分离蛋白具有较高的营养价值和一定的生理功能，因此大豆分离蛋白膜在食品工业中具有很大的潜力。

一、大豆分离蛋白膜改性的研究

大豆分离蛋白分子在溶液中呈卷曲的紧密结构，有些甚至呈球形，表面被水化膜包围，因而具有相对的稳定性。通过物理（加热、辐射等）、化学（酸、碱等）和生物（酶）等方法处理，能破坏大豆分离蛋白分子间的相互作用，并解离分子的亚基，从而导致其变性。变性后分子间的相互作用加强，使大豆分离蛋白膜具有一定机械强度、阻隔等性能。

（一）物理改性

物理手段的使用包括加紫外辐射、微波处理、超声波辐射及热处理和压力处理等。

Mehra等研究在微波辅助下，在*N*,*N*-亚甲基双丙烯酰胺和过硫酸钾为交联剂和引发剂，通过接枝共聚制备了大豆分离蛋白（SPI）水凝胶。SEM、TEM和XRD分析证实了SPI水凝胶结构具有层状结晶表面、良好的孔隙率、较高的热稳定性和pH响应性。Wang等研究纳米TiO_2复合大豆分离蛋白（5.0g/100mL）薄膜，并用超声/微波辅助处理（UMAT）对其进行改性。研究了纳米TiO_2和UMAT

处理对薄膜物理性能和结构的影响。结果表明,纳米 TiO_2 与 SPI 之间存在分子间作用力,纳米 TiO_2 的加入显著提高了薄膜的力学性能和阻隔性能。UMAT 明显改善了薄膜的拉伸强度值、水蒸气渗透性和透氧值。扫描电镜图像显示,薄膜结构更加致密,并对薄膜的吸水性能进行了评价。Lee 研究证明,γ 射线辐射使 SPI 有序结构改变、降解、交联和聚集。由于 γ 射线辐射切断肽链,使 SPI 膜液黏度降低。与辐射 SPI 相比,辐射 SPI 膜的 *WVP* 减小了 13%,*TS* 提高了两倍,而通过 SEM 的测定发现辐射 SPI 表面平滑、均匀。对 SPI 膜进行单向拉伸也会改变化膜机械性能的改变。Kurose 等对不同甘油添加量(0~30%)的 SPI 膜进行单向拉伸试验,拉伸后比未拉伸 SPI 膜的机械性能(49.6MPa)提高了 2 倍。广角 X 射线衍射试验可知,拉伸 SPI 膜结晶度未发生改变,并且随着拉伸率的增加,红外光谱的峰也得到加强。机械性能的改变可能是因为拉抻使 SPI 膜 α-螺旋和 β-折叠发生方向的改变。

(二)化学改性

化学改性是使用化学试剂改变大豆分离蛋白的性能,主要是通过破坏大豆分离蛋白分子的氢键、疏水键、离子键,增加一些有用的、新的官能团,从而达到提高其性能作用。Brandenburg 发现碱处理对大豆分离蛋白膜阻气性和机械性能无影响,仅改善膜的表面平滑度,随着 pH(pH 6、8、10 和 12)升高,膜表面越平滑,在 pH 为 6 时,膜的水蒸气透过系数、氧气透过率和拉伸强度和断裂伸长率更好。Mauri 和 Añón 等则从溶解度和分子结构的角度,分析不同 pH 值(2、8 和 11)对 SPI 的影响。尽管在不同的 pH 下,SPI 仍保持着相同的分子结构——共价键(二硫键)、非共价键(疏水键和氢键),以及分子间相互作用,但在 pH 为 8 时 SPI 保持分子天然构象,而在 pH 为 2 和 11 时发生变性。膜在 pH 为 8 时溶解度最高,pH 为 2 时最低,而加入尿素、SDS 和二硫基乙醇时蛋白的溶解度可达到 100%,并且 pH 为 2 和 11 比 pH 为 8 的结构更紧密。SDS-PAGE 电泳试验显示,β-球蛋白和球蛋白以不同形式聚集态结构成膜,一部分蛋白保持着弱的连接和网络结构,而不同网络结构蛋白影响着膜的物理、机械和阻隔性能。陈复生等将大豆分离蛋白(SPI)和淀粉混合物经丁二酸酐改性,再经甘油和水增塑之后,热压得到力学性能较好的可生物降解材料。以材料的断裂伸长率和拉伸强度作为力学性能的考察指标,并利用 FT-IR 对其进行了分析,结果表明:添加淀粉后,材料的力学性能有了很大提高,SPI 与淀粉发生了美拉德反应,断裂伸长率为 353%,拉伸强度为 7.30MPa。

（三）生物改性

生物改性是一种新的改性方法，其中酶法应用比较广泛。酶的种类有谷氨酰胺转移酶、脂氧化酶、赖氨酰氧化酶、多酚氧化酶和过氧化物酶。酶法改性的原理是诱导蛋白质之间产生新的交联，从而加强膜的网络结构，其中在大豆分离蛋白酶法改性中研究最多的是谷氨酰胺转移酶（TGase）。姜燕等研究 TGase 对大豆分离蛋白（SPI）、酪蛋白酸钠（NaCN）及明胶 3 类蛋白质成膜特性的影响。研究表明在成膜溶液中加入 TGase 可以使 SPI、NaCN 和明胶等 3 类蛋白质膜的抗拉强度和表面疏水性有不同程度的改善，其中抗拉强度增加的幅度为 13.1%，而表面疏水性增加的幅度为 2% ~216%，明显降低膜的水分含量、总可溶性固形物量及透光率。对于断裂伸长率，SDS - PAGE 电泳分析表明 TGase 使这 3 类蛋白质均产生了共价交联。Tang 等研究细菌谷氨酰胺转移酶（MTGase）改性大豆分离蛋白（SPI）膜的性能，并分析甘油、山梨醇、甘油和山梨醇（1∶1）混合 3 类增塑剂对酶改性 SPI 的 *TS*、*E*、*WVP*、*T*、*MC*、*TSM*、阻油性和表面疏水性的影响。结果表明：酶用量增加，*TS* 和表面疏水性分别提高了 10% ~20% 和 17% ~56%，而 *E*、*MC* 和 *T* 显著减小，并且 *WVP* 和 *TSM* 不受影响。在干燥成膜过程中，增塑剂使酶改性 SPI 的失水率减小，而表面疏水性增加；酶改性 SPI 的表面粗糙，但分布均匀，而且 SPI 分子之间的结合更紧密。

二、大豆分离蛋白膜添加剂的研究

（一）增塑剂

增塑剂的使用在制备大豆分离蛋白膜时是必要的成分，它可以通过减少聚合物相邻链间的分子内相互作用而降低膜的脆性及易碎性，增加膜基质间的空隙，赋予膜一定的柔韧性。增塑剂的组成、大小和形状会影响它打断蛋白质多肽链间的氢键的能力以及蛋白质体系吸附水分的能力，增塑剂主要有聚乙二醇、丙二醇、丙三醇（甘油）和山梨醇等。Kokoszka 等研究大豆蛋白和甘油含量对大豆分离蛋白（SPI）膜物化性能、表面形态和微观结构的影响，分析甘油与大豆分离蛋白之间的作用机理，以及不同相对湿度（30% ~100%、30% ~84%、30% ~75%、30% ~53%）对水蒸汽透过系数（*WVP*）的影响。结果表明，随着甘油和相对湿度增加，SPI 膜的吸湿性和 *WVP* 增加，而随着 SPI 含量增加，*WVP* 增加而表面形态无变化；在甘油中低含量时，随着大豆分离蛋白含量的增加，变性温度降低。Zhang 等对蜂蜡、Span20 和甘油影响 SPI 膜进行评价，并对其进行优化实验，确定了蜂蜡（1.87%）、Span20（10.25%）和甘油 29.12% 最佳工艺，此工艺条件制备膜的性能提高了2.34倍。并且SPI的二硫键数量与蜂蜡、Span20和甘油含量呈负相关。Su等进一步证明了甘油影响SPI的水蒸气透过系数和分子结构。甘油破坏高分子共混物的结构和结晶度。甘油与SPI的交联作用减小蛋白的空隙,降低水分扩散率,共混膜的吸湿等温曲线与GAB模型一致。甘油的加入不但使膜的结构松散,而且暴露了更多的亲水基团。

(二)增强剂

大豆分离蛋白膜具有很好的阻气性和阻油性能,但其强度很差,所以可以通过加入增强剂改善大豆分离蛋白膜机械性能。Cao等随着明胶质量的增加,SPI/明胶可食膜的*TS*、*EB*、*EM*和溶胀性能增加,并且更加透明和容易揭膜。当SPI:明胶配比为4:6~2:8,透光度接近于明胶膜,高于SPI膜。Martinez等研究在中性水分条件下,SPI与多糖(羧丙基甲基纤维素HPMC、卡拉胶LC和刺槐豆胶LB)相互作用时有没有表面活性,分析SPI的表面张力和接触。试验结果显示,随着水解度的增加而SPI的表面张力减小,黏性增加,并且水解度显著影响蛋白与多糖相互作用。加入H_1(2% HPMC)使SPI的表面张力增加,加入H_2(5.4% HPMC)、HPMC和LC减小其表面张力。陈志周等研究了可溶性淀粉、明胶、琼脂、羧甲基纤维素钠(CMC-Na)4种增强剂和谷氨酰胺转氨酶(TG)、单宁、多聚磷酸钠3种交联剂对大豆分离蛋白膜性能的影响。结果表明,膜液加入可溶性淀粉、明胶、琼脂和多聚磷酸钠,不能很好地改善膜的性能;加入CMC-Na和TG酶与单宁,能显著地增加膜的抗拉强度,但是,加入单宁的膜为棕黄色,表观效果较差;加入0.15% TG酶,膜性能最佳。

(三)交联剂

利用成膜基质的凝胶特性及分子结构特点,向膜液中加入相应交联剂可以加强膜的三维网络结构,使膜的结构更加致密、均匀,有利于改善膜的机械性能和阻湿性能。欧仕益等制备大豆分离蛋白(SPI)制备可食性复合膜时,添加交联剂阿魏酸(100mg/100g)可以显著增强SPI膜的抗拉强度和断裂伸长率,减少SPI膜的水蒸气透性,其主要机理是阿魏酸与蛋白质的某些氨基酸反应而增加了蛋白质的交联度,而随着甘油用量降低,其SPI膜的抗氧化性能也随之增加。由于阿魏酸与蛋白质反应后吸收峰红移,暗示阿魏酸的添加有利于膜阻止短波辐射,延长食品保质期。也有用葡萄糖作交联剂的研究,郭新华等以大豆分离蛋白(SPI)为基料,制备可食性包装膜。首先以单一因素考察加入交联剂葡萄糖、还原剂亚硫酸钠、防腐剂丙酸钙能提高大豆分离蛋白膜的机械强度,屏蔽水蒸气的能力,还用透光率和白度进行表征膜的性能;然后对三种物质进行复配,研究可食性包装膜的各项性能。

（四）其他添加剂

在大豆分离蛋白膜中，加入其他添加剂也是增加其功能特性的重要方法，常用的添加剂有抗菌剂和抗氧化剂，还包括一些表面活性物质及疏水成分（如SDS、各种脂肪酸）等。Rhim浇注之前在成膜溶液中加入SDS，可以很大程度改变SPI膜的特性，特别是水蒸气阻隔特性和延展性；并指出添加SDS使SPI膜的抗拉强度、溶解度和水蒸气透过系数（*WVP*）发生变化是由于SDS的非极性部分可以吸附到分子结构上的非极性氨基酸残基上，从而破坏了相邻蛋白质分子之间的疏水相互作用。Emiroglu等在大豆分离蛋白膜中添加5%的精油，对鲜牛肉的抑菌（大肠杆菌、金黄色葡萄球菌、假单胞菌绿脓杆菌和植物乳杆菌）效果进行试验。结果表明：可食膜对全部菌都有抑菌作用，对大肠杆菌和假单胞菌绿脓杆菌的抑菌作用最显著（$P<0.05$）。Atares大豆分离蛋白中添加生姜油和肉桂油，分析不同种类精油的抗菌性和理化性能。结果表明：肉桂油的抗菌性显著高于生姜油，生姜油更容易发生聚集，但可食膜的水蒸气透过系数未因精油的种类而发生改变。目前，预防油脂氧化主要是使用高阻隔性包装材料和添加抗氧化剂两条途径。马越等研究了含花青素可食性大豆蛋白膜（BEF）对油脂贮藏中品质的影响。与单一大豆蛋白膜相比，BEF具有较强抑制油脂氧化、延缓油脂酸败的能力；同时，BEF还具有最强的抗拉强度、以及较低的水蒸气透过率和透氧率。

第三节　果蔬纸和纤维素膜的研究

20世纪70年代以来，国内外对以纤维素高分子材料为基质制作降解材料进行了广泛的研究，并成为世界各国竞相开发的热点。以纤维素为基质制造可食膜具有多方面的优势，如价廉质轻，多种化学反应性能，来源丰富等，并能与其他生物高分子聚合材料进行混合，能开发出功能丰富、环境友好、可食性的绿色复合材料。

一、果蔬纸的研究

果蔬纸由果蔬中天然存在的纤维素和果胶成分形成结构基质，支持骨架的形成，使其具有物化性能和热学性能，果蔬自身的颜色使其具有多种颜色。姜燕等研究了超声波处理功率和时间对大白菜纤维形态、长度和宽度的影响。研究结果表明:在超声波作用下,纤维的形态变化明显,细纤维化作用显著,在120W超声波下作用20min,大白菜纤维的长度为0.83mm,宽度为9.04μm,长宽比为92;确定了超声波处理适宜的大白菜浆料质量分数为2%。王新伟等测定胡萝卜纤维中总纤维、纤维素、半纤维素和木质素的含量,并研究纤维的形态,研究发现未经打浆处理的胡萝卜纤维是挺硬的、蜷缩的,而经过打浆的胡萝卜纤维全部舒展开并且表面起毛,有类似丝线状的细纤维;胡萝卜纤维平均长度为0.588mm,平均宽度为0.012mm,长宽比为50.28。Mannai研究以仙人掌纤维为原料进行造纸,分别用冷水和热水、1%氢氧化钠溶液和乙醇—甲苯混合物中处理,获得仙人掌纤维含量分别为36%、24%、30%和9.8%。与其他非木本植物相比,α-纤维素含量较高(53.6%);仙人掌纤维进行机械热磨后的纸浆得率显著提高(80.8%);仙人掌纸具有很好的结构和力学性能。党育红等通过对苹果渣纤维形态的分析,调整苹果渣与苇浆、针叶木浆不同的配比(果渣50%~60%,植物纤维40%~50%),抄造出性能良好的纸张。Sothornvit和Pitak用香蕉粉、甘油和果胶复合制备香蕉纸,研究其含量对香蕉纸抗拉强度、断裂伸长率和氧气透过率的影响。结果表明,香蕉粉含量影响氧气透过率,甘油和果胶对纸的氧气透过率无影响;而香蕉粉和果胶提高抗拉强度、降低断裂伸长率,甘油降低抗拉强度、提高断裂伸长率。McHugh等对水果纸的阻隔性能进行研究,分析了不同湿度和温度对桃、杏、苹果和梨纸水蒸气透过系数和氧气透过率的影响,桃和杏纸比苹果和梨纸更低的水蒸气透过系数;Ca添加,湿度增加、温度减小使桃纸的水蒸气透过系数减小;和其他水果纸相比,桃纸具有更好的阻O_2,并且湿度越大氧气透过率越小。Rojas-Graü等加入牛至油、香茅油和肉桂油抗菌剂的可食性膜对鲜切水果进行涂膜保鲜,对其抗大肠杆菌研究。研究表明,抗菌活性顺序为牛至油>香茅油>肉桂油,在苹果纸中牛至油更有效抑制大肠杆菌,而水蒸气透过率降低、透氧透过率升高,但并不会明显改变拉伸性能。

二、纤维素膜的研究

纤维素分子呈带状空间构象,分子链之间通过分子间的氢键而堆积起来,成为紧密的片层结构,这使纤维素具有很强的机械强度,对生物体起支持和保护作用。对其经过适当物理、化学和生物方法的处理,改变其原有性质以适应特殊需要,称为改性纤维素。改性纤维素有良好的成膜性质,制得的可食性膜阻止食品吸水或失水,防止食品氧化和串味,调节生鲜食品的呼吸强度,提高食品表面机械强度,改善食品表观,是一种较理想的新型可食性膜。

(一)物理改性纤维素膜

物理改性的产品主要包括纤维素粉、微晶纤维素和纳米纤维(纳米微晶纤维素),它们在成膜过程中起到增强剂的作用。曾凤彩和武军发现天然纤维素膜不经任何处理直接干燥,膜易脆、卷曲,作用不大。采用甘油做增塑剂来改变纤维素膜的柔顺性,研究了不同的增塑条件对纤维素膜表面结构和性能的影响及甘油的塑化机理。通过力学性能测试、表面形态的观察及红外光谱分析,结果表明,甘油在一定程度上改变了纤维素膜的柔顺性,但同时却使纤维素膜的力学性能变差,并且增塑的膜经水洗后,甘油易流失,增塑效果减弱。Müller 通过添加纤维素提高淀粉基膜的机械性能和阻湿性能,研究在三个相对湿度(2% ~33%,33% ~64%和64% ~90%)范围内,添加纤维素的膜对水溶解系数(b)、水蒸汽扩散系数(Dw)和水蒸汽透过系数(Kw)的影响。结果表明,Kw 与 b、Dw 具有相关性,淀粉/纤维素比未添加纤维素膜的拉伸强度高、膜的形变力和 Kw 低,而相对湿度范围为64% ~90%比相对湿度为33% ~64%的 Kw 高2 ~3倍,说明环境湿度显著影响膜的阻湿性。Saxena 等由木聚糖、纳米纤维素和增塑剂制备纳米纤维素/木聚糖膜。硫酸水解纤维素的添加使膜的强度增加,当纳米纤维素添加量为7%时,膜的拉伸强度提高了141%。而且,纳米纤维素/木聚糖膜的拉伸强度要高于纤维素/木聚糖胶膜。Chen 等在不同反应时间下,硫酸水解豌豆壳纤维(PHF)制备豌豆壳纤维纳米晶体粉末(PHFNW - t),并将其与豌豆淀粉(PS)混合制备纳米复合材料(PS/PHFNW - t),分析 PHFNW - t 和 PS/PHFNW - t 的结构性能。PHFNW - t 的长度(L)、粒径(D)和 L/D 的变化值分别为240 ~400nm、7 ~12nm 和32.22 ~36.00。PS/PHFNW - t 纳米复合材料的紫外吸收峰、透明度、拉抻强度、断裂伸长率和阻水性能都要强于 PS 膜和 PS/PHF 膜。由于 PHFNW - 8 的 L/D 最高,PS/PHFNW - 8 膜的透明度、拉抻强度、断裂伸长率和阻水性能最好。说明水解时间越长,对 PHFNW - t 的结构影响越明显。因此水解时间为8h 时,制备 PHFNW - t 和 PS/PHFNW - t 的性能最好。

微晶纤维素和纳米纤维还可以与纤维素衍生物聚合生成可食膜,其相似结构有助提高微晶纤维素和纳米纤维在膜中分散性,以及改善膜的性能。Bilbao - Sainz 等通过添加不同粒径大小纳米微晶纤维(MCC)改善羟丙基甲基纤维素(HPMC)膜的性能,对膜的机械性能和阻湿性等测试,分析纳米 MCC 对膜亲水力属性和扩散系数的影响情况。结果表明,与 HPMC 膜相比,HPMC/MCC 和 HPMC/LC - MCC 膜的拉伸强度提高48%和53%,而膜吸湿性降低了40%和50%;添加 MCC 未影响水分扩散系数,但 HPMC/MCC 和 HPMC/LC - MCC 具有更好的阻水性能。Dogan 和 McHugh 研究不同 MCC 大小（ <1.0μm）和纤维素对 HPMC 膜性能的影响。结果表明，添加纤维素对 HPMC 膜的 *WVP* 没有显著的改变，随着 MCC（500nm）的增加，HPMC 膜的拉伸强度从 29.7MPa 增加到70.1MPa；而纤维素（3μm）仅增加到 37.4MPa。并且 HPMC 膜的断裂伸长率没有改变，说明 MCC 大小显著提高 HPMC 膜的机械性能。Lee 等采用高压均质机（20000psi）对微晶纤维素（MCC）加工（0、1、2、5、10 和 15 次）制备纳米纤维素，并将其加入到 HPC 膜中。通过 SEM 对纳米纤维素分析可知，纤维的达到纳米级，而长宽比例也达到填充料的标准。对 HPC 膜性能进行了测定，结果发现用高压均质机处理 5 和 10 次的纳米纤维素对 HPC 膜的强度提高最多，同时尽管 MCC 比 HPC 具有低的热稳定性，但 HPC 膜的热稳定性不受纳米纤维素添加的影响。

（二）化学改性纤维素膜

羧甲基纤维素（CMC）是纤维素与 NaOH 和 NaCl 作用，生成一种具有醚结构的衍生物，由于酸式的水溶性较差，产品多以羧甲基纤维素的钠盐形式存在。CMC 无味、无臭、无害，具有良好的持水性和黏稠性，能经受短时间高温，并在水中形成较好流动性的溶液，随温度升高而黏度降低，在 pH 为 7 ~ 9 时溶液稳定性最高，这些性质使其具有良好的成膜性。贺昱以甜菜膳食纤维粉为原料，制备成膜基材——高黏度甜菜羧甲基纤维素（CMC）。成膜最佳工艺为：羧甲基纤维素/谷朊粉 = 7∶3，40% 的乙醇溶液，2% 的甘油。而对复合膜性能测定的结果表明：力学性能及其阻隔性能良好，具有一定的耐水、耐油和一定的透气性，可用于一般食品及果蔬的短期包装。CMC 与淀粉复合膜达到最优配比时，膜的 *WVP* 仅为（$2.34 \times 10^{-7} g \cdot m^{-1} \cdot h^{-1} \cdot Pa^{-1}$），吸湿性和溶解度具有相近变化规律。

MC 是由纤维素和 $NaOH - CH_3Cl$ 反应制成。非离子型的 MC 的溶液性质与离子型的 CMC 有显著的不同，pH 值的影响明显降低，而由温度决定的流变性也变得更加复杂。但溶于水中时，能形成透明的、均匀的溶液，使膜透光率高。岳晓华等研究不同比例的壳聚糖/甲基纤维素膜（MC）的制作，并对膜进行透光性、抗张强度、透湿系数、吸湿性、延伸率和水溶性等的测试。结果表明，纯膜的透明度高于复合膜；水蒸气透过系数则是复合膜大于纯膜；随着环境中湿度的增加，膜的吸湿性增大；随着膜中甲基纤维素含量的增加，水溶性随之增大；抗张强度随着甲基纤维素含量的增加而增大。Turhan 等研究发现，甘油和 MCC 可改善乳清蛋白（WPC）膜的机械性和水蒸气透过系数，同时确定了优化工艺为甘油质量分数为 35.6% 和 45%，而 MC∶WPC 为 0.3∶1 和 0.8∶1。

除了 CMC 和 MC，此类衍生物还有羟丙基甲基纤维素（HPMC）。HPMC 具有热凝胶性，即当溶液被加热时，起初黏度下降，然后黏度很快上升并形成凝胶，冷却时恢复到原来的黏度，增加成膜时聚合物间疏水作用。严炎中等考察羟丙基甲基纤维素的成膜性能采用正交试验，以不同浓度、不同溶媒为因素，在三水平上进行筛选。结果表明，以 50% 乙醇溶液为溶媒，含 10% 的羟丙基甲基纤维素液的成膜性能良好。在 HPMC 膜中加入羧丙基甲基纤维素，更能提高膜的性能。不同颜色（蓝色、绿色、黄色、红色和白色）HPMC 膜被用于油脂食品包装中，以防止食品氧化，通过气相色谱测定脂肪酸的变化情况。结果表明，带有颜色的 HPMC 膜可以有效抑制油脂食品的氧化，并且白色、红色和黄色 HPMC 膜与遮光的 HPMC 膜抑制油脂氧化效果相近，而随着时间延长，蓝色、绿色 HPMC 的膜油脂氧化增加。

（三）生物改性纤维素膜

生物改性纤维是一种近年来新兴的改性方法，有酶法改性、微生物改性等，其中酶法改性发展最快。并且酶改性纤维主要应用在造纸工业中，在可食性包装材料的使用还比较少见。刘欢等研究酶改性纤维以胡萝卜渣中提取的胡萝卜纤维为原材料，将改性胡萝卜纤维添加到大豆分离蛋白中制备可食膜，研究纤维素酶改性条件对可食膜性能的影响。结果表明，酶改性使纤维的比表面积增加，更多氢键被暴露，从而提高了纤维的可及度。使酶改性纤维能与 SPI 膜可以更好地结合，分子间氢键作用更强，形成网络结构更紧密。宏观表现为 TS 增加，E 减小，阻气性能提高。

第四节　改性纤维素/大豆分离蛋白可食膜的研究

一、改性纤维素/大豆分离蛋白可食膜研究现状

在对蛋白质、多糖、脂类可食膜的研究和应用发现单一组分形成的可食膜不能同时满足阻隔和机械等多种性能的要求，限制了其在食品贮藏中的应用。目前，可食膜的主要集中复合型可食膜的研究和应用，以克服单一组分可食膜性能的不足。复合型可食膜是指以两种或两种以上的材料为基材制备的复合膜或采用二层或三层以上的复合型膜（以下简称复合膜）。蛋白或多糖则具有的阻隔性能和高强度，脂质高的阻水性，壳聚糖具有抗菌性能，将其二种或三种以上的材料组合，能克服可食膜在应用中的许多问题，如机械强度、膜的阻隔能力稳定性

等,使可食膜具有更加广泛的功能性。大豆分离蛋白膜对氧气、二氧化碳的屏障特性通常好于纤维素膜,而纤维素膜的强度、阻水性要强于大豆分离蛋白,因此将两种混合可以最大限度地提高可食膜的性能。刘欢等以大豆分离蛋白(SPI)为主要成膜基材,添加微晶纤维素(MCC),研究不同微晶纤维素质量分数对复合膜力学性能、表观性能和阻气性能的影响。通过差示扫描量热分析(DSC),研究大豆分离蛋白与微晶纤维素的相互作用。结果表明:微晶纤维素质量分数为30% ~40%时,复合膜的力学性能较好;微晶纤维素质量分数为30%时,复合膜的阻气性能最佳。因此,微晶纤维素能够改善大豆分离蛋白膜的性能;当微晶纤维素质量分数为30%时,复合膜综合性能最佳。Su等以羧甲基纤维素(CMC)和大豆分离蛋白(SPI)为成膜基材,甘油为增塑剂,采用浇铁铸的方法制备可食膜。研究CMC的含量对膜的结构、热稳定性、水溶性、吸水率和机械性能的影响,红外光谱试验表明,CMC与SPI发生了美拉德反应;X射线衍射试验发现,美拉德反应减小膜的结晶度;而根据DSC结果可知,CMC/SPI膜有单一玻璃化转变温度(T_g)在75°和100℃,说明CMC和SPI形成共混相;随着CMC的增加,膜的机械性能和水溶性得到升高。叶君等研究了不同质量百分数的甲基纤维素(MC),羟丙基纤维素(HPC),羟丙基甲基纤维素(HPMC)对大豆分离蛋白(SPI)膜性能的影响。结果表明,改性纤维素的基团类型和添加质量百分数均对SPI膜的性能产生显著影响。在SPI膜中添加MC、HPC和HPMC后,膜的透光率持续降低;但是膜拉伸强度明显增加,且添加相同质量百分数的HPC、MC、HPMC对膜拉伸强度的增强依次增加;膜的表面疏水性持续增大,增大的幅度依次为MC > HPMC > HPC。特别在添加MC后,在膜的拉伸强度增强的同时,膜的伸长率也提高。这表明改性纤维素中不同的基团决定了纤维素分子链间及其与SPI分子链间的相互作用,从而改变了SPI分子链间的相互作用。

二、改性纤维素/大豆分离蛋白可食膜制备方法的应用

近年来,研究人员开展了大量纤维素及其改性纤维素与SPI可食性复合膜相关的研究。Li等采用流延法制备了大豆分离蛋白(SPI)、明胶和微晶纤维素(MCC)的可食性复合膜(MSG)。研究了MCC含量对膜力学性能和热性能的影响。随着MCC含量的增加,MSG厚度和拉伸强度(TS)增加,断裂伸长率(EB)降低。当MCC添加量为3.5%时,MSG厚度、TS和EB值是未添加SPI/明胶膜的108%、351%和27%。扫描电镜照片显示,当MCC添加量1.5%时,其在SPI/明胶膜中分散良好,薄膜表面相对光滑;而当MCC添加量2.5%时,MSG表面粗糙

不平，从而导致复合膜的韧性破坏。傅里叶变换红外光谱分析结果表时，MCC 与 SPI/明胶之间没有通过化学键形成的分子间缔合。热重分析表明，与 SPI/明胶膜相比，MSG 热降解起始温度较高，降解结束温度较低。因此，将 MCC 与 SPI/明胶薄膜共混成功地获得了更好的机械性能和热性能，同时降低了湿敏性，并且薄膜透光率也有所提高。罗丽花等分别以浓度均为5%的醋酸、硫酸、磷酸、草酸和氯化钙溶液为凝固体系，制备一系列纤维素/大豆分离蛋白共混膜，表征了不同凝固体系对共混膜的结构与力学性能的影响。结果表明，共混膜为多孔网络结构，表面和内部孔径随着大豆分离蛋白含量增加而增加，以5%醋酸为凝固体系制备的共混膜在干态和湿态下均具有最高的力学强度和最大的表面与内部孔径。由此，5%醋酸溶液是制备具有较好力学强度和最适合共混膜的凝固体系。Martelli - Tosi 等研究以大豆秸秆（MSS）为原料，采用酸解法（CNCs）和酶解法（CNFs）制备纳米纤维素，将其作为增强填料在大豆分离蛋白（SPI）薄膜中的应用。研究表明 CNCs 的平均尺寸约为 10nm 厚，300nm 长，结晶度指数为 57%，而 CNFs 的直径相似，但长度较大（ >1μm），结晶度指数较低（50%），热稳定性更好。当添加5% CNCs 和 CNFs 时，使 SPI 薄膜的拉伸强度分别提高 38% 和 48%，并降低 SPI 薄膜的断裂伸长率。SPI - CNC 薄膜的溶解度最低，SPI - CNF 水蒸气渗透性最低。

（一）可食膜制备方法试验设计

采用化学法制备胡萝卜渣微晶纤维素 CPMCC，工艺条件分别为：酸浓度为6%、酸解时间 60min 和酸解温度 80℃。

采用生物酶法制备胡萝卜渣生物酶改性纤维素 CPEMC，工艺条件分别为：纤维素酶用量为 90IU/g，酶解时间 1.5h，酶解温度 50℃。

1. 可食膜制备的工艺流程

可食膜制备的工艺流程见图 4 - 1。

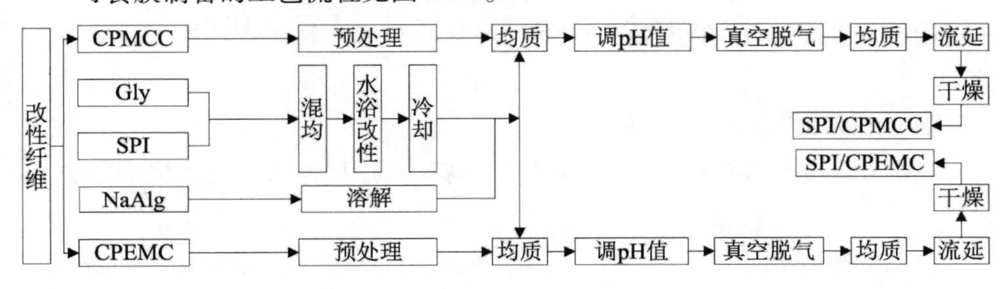

图 4 - 1　可食膜制备的工艺流程

可食膜制备工艺要点如下：

（1）固体原料选用固体质量与膜液体积比浓度，液体原料选用体积比浓度，混合应充分、均匀，混合后的试样需及时进行流延与干燥成型，以防止颗粒的离析。

（2）甘油（Gly）工艺条件：在磁力搅拌器中，与 SPI 搅拌 2min，充分混匀。

（3）大豆分离蛋白（SPI）工艺条件：pH 值为 7.0，水浴 85℃，1h；均质转速 10000r/min，均质 2min；脱气（真空压强 -0.09MPa）。

（4）海藻酸钠（NaAlg）工艺条件：在 40℃ 水浴中，充分搅拌，完全溶解。

（5）改性纤维素预处理条件：在蒸馏水中溶胀 24h，再用 10000r/min 均质器均质 1min。

（6）流延：采用定容法，膜液为 $4cm^2/mL$，控制成品膜厚度为 0.06 ~ 0.08mm。

（7）干燥：成型过程必须保持成型器的水平位置，以获得厚度均匀的膜；热风干燥温度为 50℃，时间 5h。流延膜在成膜介质上剥离时的含水量应控制在 10% 左右，含水量太低，膜的伸长率很小，剥离时稍有张力不均就会断裂；而含水量太高时，剥离十分困难，而且膜表面会留下剥痕。

（8）膜性能测试条件：温度 23℃，相对湿度 50%，6h。

2. 可食膜性能的测定

（1）膜厚（FT）。

测试方法按照 GB/T 6672—2001《塑料薄膜和薄片 厚度测定 机械测量法》

（2）抗张强度（TS）和断裂伸长率（E）。

测试方法按照 GB/T 1040.3—2006《塑料 拉伸性能的测定 第3部分：薄塑和薄片的试验条件》。

（3）二氧化碳透过率（Pco_2）和氧气透过率（Po_2）。

测试方法按照 GB/T 1038—2000《塑料薄膜和薄片气体透过性试验方法 压差法》。

（4）水蒸气透过系数（WVP）。

测试方法按照 GB/T 1037—1988《塑料薄膜和片材透水蒸气性试验方法 杯式法》。

（5）透光率（T）。

将膜裁成条状（1.2cm × 4cm），紧贴于比色皿的一侧，在 500nm 波长下测定其透光率，以空比色皿作为对照。

3. 可食膜成膜工艺单因素试验设计

将大豆分离蛋白溶于蒸馏水中，在 85℃水浴加热 1h 进行改性。改性的 SPI 膜液在 70℃水浴保温 20min。

(1) 改性纤维素添加量的单因素试验。

改性纤维素(0,0.45%、0.9%、1.35%、1.8%、2.25%,*m/v*)、SPI 膜液(2%,*m/v*)、NaAlg(0.6%,*m/v*)和 Gly(1.5%,*v/v*)混合均质(10 000r/min)，真空脱气后在有机玻璃成膜器上均匀流延成膜。

(2) 大豆分离蛋白(SPI)添加量的单因素试验。

SPI 球蛋白链状分子，它可以通过物理、化学和生物方法打开大豆球蛋白的天然紧密折叠结构，使球状分子展开成链状或螺圈状，从而暴露其内部的疏水基团、巯基以及存在的二硫键。将 SPI 应用于成膜基质中，SPI 分子之间的疏水基团、巯基以及二硫键与其他分子链间发生交联作用，形成立体网状结构，从而制得性能良好的可食膜。试验设计：改性纤维素(1.35%,*m/v*)、SPI 膜液(0、1%、2%、3%、4%、5%,*m/v*)、NaAlg(0.6%,*m/v*)和 Gly(1.5%,*v/v*)混合均质(10000r/min)，真空脱气后在有机玻璃成膜器上均匀流延成膜。

(3) NaAlg 添加量的单因素试验。

海藻酸(海藻酸钠 Na Alg)是糖醛酸的多聚物，由 D－甘露糖醛酸和 L－古洛糖以 1,4－糖苷键连接而成，直线形结构，和其他多糖一样，具有良好的成膜性能。而且其含有大量羟基和羧基，以及很强的吸水性。在本章试验中，SPI 可食膜中添加改性纤维素时，为了阻止出现聚沉现象，使 SPI 与改性纤维素聚合反应在一个均相体系中。NaAlg 具有强亲水性，易于水化和溶解，可以控制水分移动，在乳化体系中具有很好的稳定作用。因此，在膜液中添加 NaAlg。试验设计：改性纤维素(1.35%,*m/v*)、SPI 膜液(2%,*m/v*)、NaAlg(0、0.2%、0.4%、0.6%、0.8%、1%,*m/v*)和 Gly(1.5%,*v/v*)混合均质(10 000r/min)，真空脱气后在有机玻璃成膜器上均匀流延成膜。

(4) 甘油(Gly)添加量的单因素试验。

增塑剂的使用在制备可食膜中是必要的。它可以通过减小聚合物相邻链间的分子内相互作用，从而降低膜的脆性和易碎性，增加膜基质间的空隙，使膜具有一定的柔韧性；增塑剂的组成、大小和形状会影响它打断分子间的氢键能力以及基质体系吸水性，而分子量小，易吸附到更多的水分，塑化效果明显。因此，本书选择分子质量(92.09)较小的 Gly 作为增塑剂。试验设计：改性纤维素(1.35%,*m/v*)、SPI 膜液(2%,*m/v*)、NaAlg(0.6%,*m/v*)和 Gly(0、0.5%、1%、

1.5%、2%、2.5%,v/v)混合均质(10000r/min),真空脱气后在有机玻璃成膜器上均匀流延成膜。

4.可食膜成膜工艺条件的优化

以单因素试验为基础,对影响可食膜性能的主要影响因素进行二次加归正交旋转组合试验设计,试验因素为改性纤维素添加量(X_1)、SPI 添加量(X_2)、海藻酸钠(NaAlg)添加量(X_3)和甘油(Gly)添加量(X_4),可食膜拉伸强度(Y_1)和水蒸气透过系数(Y_2)作为指标进行分析,试验因素水平、变化值及编码见表4-1。采用SPSS分析软件进行数据的处理、回归方程的推导以及三维曲面的生成,从中揭示各影响因素与可食膜拉伸强度和水蒸气透过系数之间的内在规律性,并找出各因素的最优区域。

表4-1 试验因素水平编码表

水平 X_i	因素			
	改性纤维素添加量 X_1(%)	SPI 添加量 X_2(%)	NaAlg 添加量 X_3(%)	Gly 添加量 X_4(%)
$r=2$	1.800	5	0.8	2.5
1	1.575	4	0.7	2
0	1.350	3	0.6	1.5
-1	1.125	2	0.5	1
$-r=-2$	0.900	1	0.4	0.5
Δ_j	5	1	0.1	0.5

5.可食膜的结构表征

SEM 样品在40℃温度下干燥6h后,将可食膜在液氮中冷冻折断,然后真空镀金,用双面胶固定于不锈钢载物片上,置于电子显微镜的载物台上,观察可食膜的表面和截面的形态结构,其他测定方法同第三章。

(二)可食膜单因素试验

1. CPMCC、CPEMC 添加量对可食膜性能的影响

(1)CPMCC、CPEMC 添加量对可食膜 *TS* 和 *E* 的影响。

SPI 膜液为2%,NaAlg 为0.6%,Gly 为1.5%,不同改性纤维素添加量对可食膜 *TS* 和 *E* 的影响,结果见图4-2和图4-3。

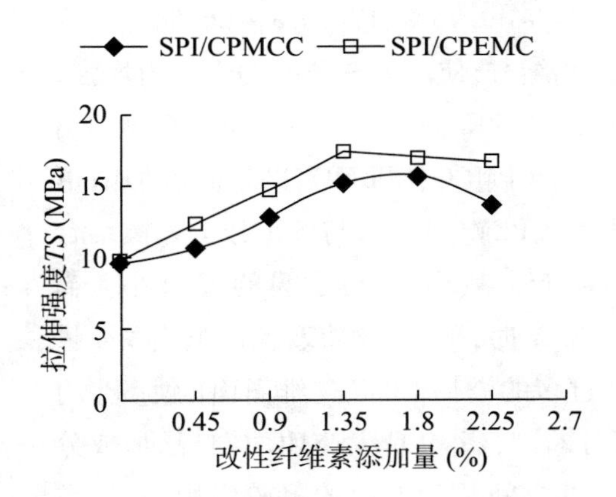

图 4-2　CPMCC 和 CPEMC 添加量对可食膜拉伸强度的影响

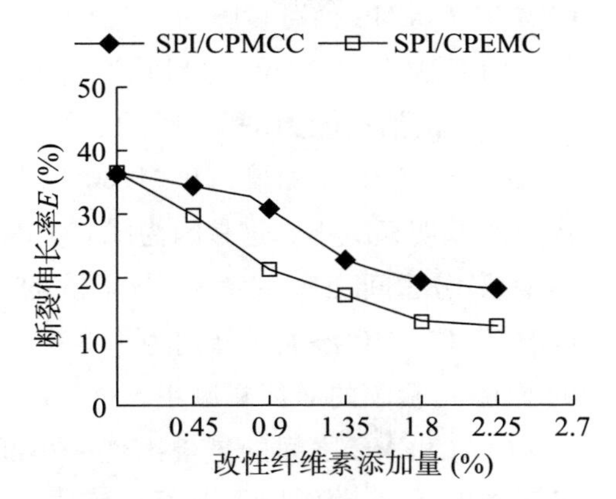

图 4-3　CPMCC 和 CPEMC 添加量对可食膜断裂伸长率的影响

由图 4-2 可知，随着 CPMCC、CPEMC 添加量的增加，SPI/CPMCC、SPI/CPEMC 可食膜的 *TS* 先增加后减小。与未添加 CPMCC 的可食膜，添加 CPMCC 使可食膜的 *TS* 增加了 10.07%～62.72%，这是因为 CPMCC 的长度小，表面积大，表面的游离羟基数目多，而 SPI 分子链上含量大量的羧基和氨基，使 CPMCC 与 SPI 分子间以氢键紧密结合，形成刚性结构，提高可食膜的 *TS*；与未添加 CPEMC 的可食膜相比，添加 CPEMC 使可食膜的 *TS* 增加了 28.14%～79.75%，这是因为 CPEMC 的次生壁 S_2层微纤维素暴露，出现分丝帚化现象，表面的游离羟基数目多，另外纤维素较柔软，纤维素的交织能力增强，使 CPEMC 与 SPI 分子间以氢键紧密结合，形成刚性结构，提高可食膜的 *TS*。当 CPMCC、CPEMC 添加量分别为 0～1.80%、0～1.35% 时，随着 CPMCC、CPEMC 添加量的增加，可食膜的 *TS* 增加。这是因为随着 CPMCC、CPEMC 增加，与 SPI 分子氢键结合力增强，分子间交联更紧密，膜的致密性与连续性增大，形成一个良好的刚性结构，故可食膜的 *TS* 增加。当 CPMCC、CPEMC 添加量分别为 1.80%～2.25%、1.35%～2.25% 时，随着 CPMCC、CPEMC 添加量的增加，可食膜的 *TS* 减小。这是因为过多地添加 CPMCC、CPEMC，使 CPMCC、CPEMC 易发生团聚，大部分纤维素孤立地分散在大豆分离蛋白膜中，导致可食膜的 *TS* 减小。第三章研究可以证明 CPMCC、CPEMC 发生团聚现象。由图 4-2 还可以看出，SPI/CPMCC 比 SPI/CPEMC 可食膜的 *TS* 小。

由图 4-3 可知，随着 CPMCC、CPEMC 添加量的增加，SPI/CPMCC、SPI/CPEMC 可食膜的 *E* 减小。与未添加 CPMCC、CPEMC 的可食膜相比，添加

CPMCC、CPEMC 使可食膜的 E 减小了 6.22% ~49.96%、17.75% ~66.54%。这是因为 CPMCC、CPEMC 与 SPI 之间的氢键相结合，使两者分子间的作用力增强，分子链段的活动能力减弱，膜的连续性和柔韧性降低，使可食膜的 E 减小。当 CPMCC、CPEMC 添加量为 0 ~ 1.80% 时，随着 CPMCC、CPEMC 添加量的增加，可食膜的 E 明显减小。这是因为随着 CPMCC、CPEMC 增加，与 SPI 分子氢键结合力增强，分子间交联更紧密，分子链的活动能力减小，故可食膜的 E 减小。当 CPMCC、CPEMC 添加量分别为 1.8% ~2.25% 时，随着 CPMCC、CPEMC 添加量的增加，可食膜的 E 降幅减小。这是因为过多的添加 CPMCC、CPEMC，使 SPI 与 CPMCC、CPEMC 之间的氢键出现一小部分断裂，CPMCC、CPEMC 与自己形成分子间作用力，这种作用力对可食膜内分子链之间活动能力的阻碍作用弱，导致 SPI/CPMCC、SPI/CPEMC 可食膜的 E 改变趋于平缓。

（2）CPMCC、CPEMC 添加量对可食膜 T 的影响。

SPI 膜液为 2%，NaAlg 为 0.6%，Gly 为 1.5%，不同改性纤维素添加量对可食膜 T 的影响，结果见图 4－4。

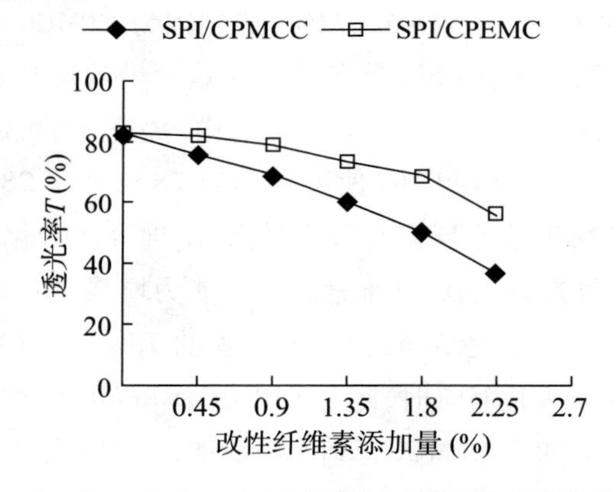

图 4－4　CPMCC 和 CPEMC 添加量对可食膜透光率的影响

由图 4－4 可知，随着 CPMCC、CPEMC 添加量的增加，SPI/CPMCC、SPI/CPEMC 可食膜的 T 减小。与未添加 CPMCC、CPEMC 的可食膜相比，添加 CPMCC、CPEMC 使可食膜的 T 减小了 8.38% ~52.12%、1.54% ~32.66%。这是因为 CPMCC、CPEMC 与大豆分离蛋白的分子氢键结合时，分散相和连续相可能会发生部分分相，在两相界面处会发生散射和反射，从而影响光线的透过，导致可食膜的 T 减小。SPI/CPMCC 可食膜的 T 比 SPI/CPEMC 小。这是因为 CPMCC 颗粒小于 CPEMC，导致膜内部结构中的自由空间减小，使膜的光透过性差。

(3) CPMCC、CPEMC 添加量对可食膜阻气性能的影响。

SPI 膜液为 2%，NaAlg 为 0.6%，Gly 为 1.5%，不同改性纤维素添加量对可食膜 Pco_2、Po_2和 *WVP* 的影响，结果见表 4－2。

表 4－2 CPMCC、CPEMC 添加量对可食膜 Pco_2、Po_2和 *WVP* 的影响

名称	改性纤维素添加量(%)	水蒸气透过系数 *WVP*($\times 10^{-12}$ g · cm^{-1} · s^{-1} · Pa^{-1})	二氧化碳透过率 Pco_2($\times 10^{-5}$ cm^3 · m^{-2} · d^{-1} · Pa^{-1})	氧气透过率 Po_2($\times 10^{-5}$ cm^3 · m^{-2} · d^{-1} · Pa^{-1})
CPMCC	0	0.645	3.30	2.23
	0.45	0.531	3.07	2.04
	0.90	0.410	2.93	1.85
	1.35	0.261	2.68	1.73
	1.80	0.527	2.81	2.09
	2.25	0.768	3.14	2.42
CPEMC	0	0.647	3.30	2.23
	0.45	0.612	2.57	1.72
	0.90	0.498	2.45	1.61
	1.35	0.728	2.63	1.78
	1.80	0.878	2.85	2.08
	2.25	0.907	3.06	2.32

由表 4－2 可知，随着 CPMCC、CPEMC 添加量的增加，SPI/CPMCC、SPI/CPEMC 可食膜的 *WVP* 先减小后增加。与未添加 CPMCC、CPEMC 的可食膜相比，添加 CPMCC、CPEMC 使可食膜的 *WVP* 减小了 17.67%～59.53%、5.40%～23.02%。这是因为大豆分离蛋白膜中添加微晶纤维素后，两者分子间以氢键结合形成致密结构，改善了阻水性能。当 CPMCC、CPEMC 添加量分别为0～1.35%、0～0.90%时，随着 CPMCC、CPEMC 添加量的增加，可食膜的 *WVP* 减小。这是因为一方面纤维素与 SPI 紧密的网状结构，阻碍了水分透过；另一方面纤维素易吸水溶胀，当水分透过可食膜时，很小部分水被纤维素吸附，使水分通过受阻。当 CPMCC、CPEMC 添加量分别为 1.35%～2.25%、

0.90% ~2.25%时，随着CPMCC、CPEMC添加量的增加，可食膜的*WVP*增加。这是因为一方面可食膜网状结构被破坏；另一方面纤维素自身之间的强吸附作用使其发生团聚。由表4－2还可以看出，SPI/CPMCC比SPI/CPEMC可食膜的*WVP*小。

由表4－2可知，随着CPMCC、CPEMC添加量的增加，SPI/CPMCC、SPI/CPEMC可食膜的Pco_2和Po_2先减小后增加。与未添加CPMCC、CPEMC的可食膜相比，添加CPMCC、CPEMC使可食膜的Pco_2减小了6.97% ~18.79%、22.12% ~25.76%；与未添加CPMCC、CPEMC的可食膜相比，添加CPMCC、CPEMC使可食膜的Po_2减小了8.52% ~22.42%、22.87% ~27.8%。当CPMCC、CPEMC添加量分别为0 ~1.35%、0 ~0.90%时，随着CPMCC、CPEMC添加量的增加，可食膜的Pco_2和Po_2减小。这是因为纤维素与SPI分子间以氢键结合形成致密结构，分子间空隙减小，气体在透过复合膜时，迁移路径延长，改善了阻CO_2和O_2性能。当CPMCC、CPEMC添加量分别为1.35% ~2.25%、0.90% ~2.25%时，随着CPMCC、CPEMC添加量的增加，可食膜的Pco_2和Po_2增加。这是因为纤维素过多时，纤维素发生团聚，氢键被破坏，阻CO_2和O_2性能下降。由表4－2还可以看出，SPI/CPMCC比SPI/CPEMC可食膜的Pco_2和Po_2大。

（4）CPMCC、CPEMC添加量对可食膜热学性能的影响。

SPI膜液为2%，NaAlg为0.6%，Gly为1.5%，不同改性纤维素添加量对可食膜热学性能的影响，结果见图4－5、图4－6和表4－3。

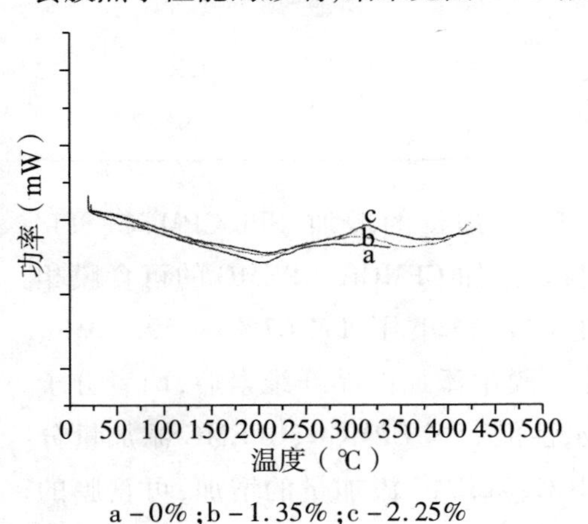

a－0%；b－1.35%；c－2.25%

图4－5 不同CPMCC添加量可食膜的DSC曲线

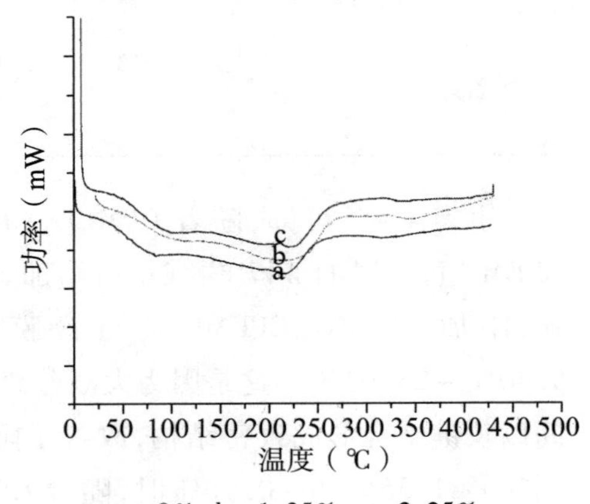

a－0%；b－1.35%；c－2.25%

图4－6 不同CPEMC添加量可食膜的DSC曲线

表4-3　不同CPMCC和CPEMC添加量可食膜的DSC参数

名称	改性纤维素添加量(%)	结晶温度 T_c(℃)	玻璃转化温度 T_g(℃)	熔融温度 T_m(℃)
CPMCC	0	205	230	281
	1.35	214	233	302
	2.25	209	240	314
CPEMC	0	217	235	254
	1.35	234	240	272
	2.25	227	244	283

由图4-5、图4-6和表4-3可知，当未添加改性纤维素时，可食膜的T_c、T_g和T_m最低，但其值仍高于纯大豆分离蛋白玻璃化转化温度(140℃)和热分解温度(208℃)。这是因为SPI成膜过程中，其结构被破坏，构象发生变化，从天然状态到变性状态即从有序状态到无序状态的转变。当CPMCC添加量和CPEMC添加量为1.35%时，可食膜T_c的最高，分别为214℃和234℃。这是因为改性纤维素达到最适添加量时，分子水平上更高结晶区和较高结晶比例，分子间的相互作用力最强，即拉伸强度最大，而且CPEMC的强度要高于CPMCC。并且随着CPMCC添加量的增加，T_g和T_m增加。这是因为改性纤维素的添加，导致分子间作用力增强，链段柔韧性降低，从而提高可食膜的T_g和T_m。

(5)CPMCC、CPEMC添加量对可食膜表面形态的影响。

SPI膜液为2%，NaAlg为0.6%，Gly为1.5%，不同改性纤维素添加量对可食膜表面形态的影响，结果见图4-7和图4-8。

a-0%

b-0.45%

图4-7

c－1.35%　　　　d－2.25%

图 4－7　不同 CPMCC 添加量可食膜的表面形态图(×100)(续)

由图 4－7 可知,未添加 CPMCC 可食膜,表面凸凹不平,出面裂痕,有少量的 SPI 析出;当 CPMCC 添加量为 0.45%、1.35% 时,可食膜表面平滑,均匀;当 CPMCC 添加量为 2.25% 时,表面不平,有 CPMCC 从可食膜析出。说明适当的 CPMCC 添加量,使可食膜中分子分布均匀。

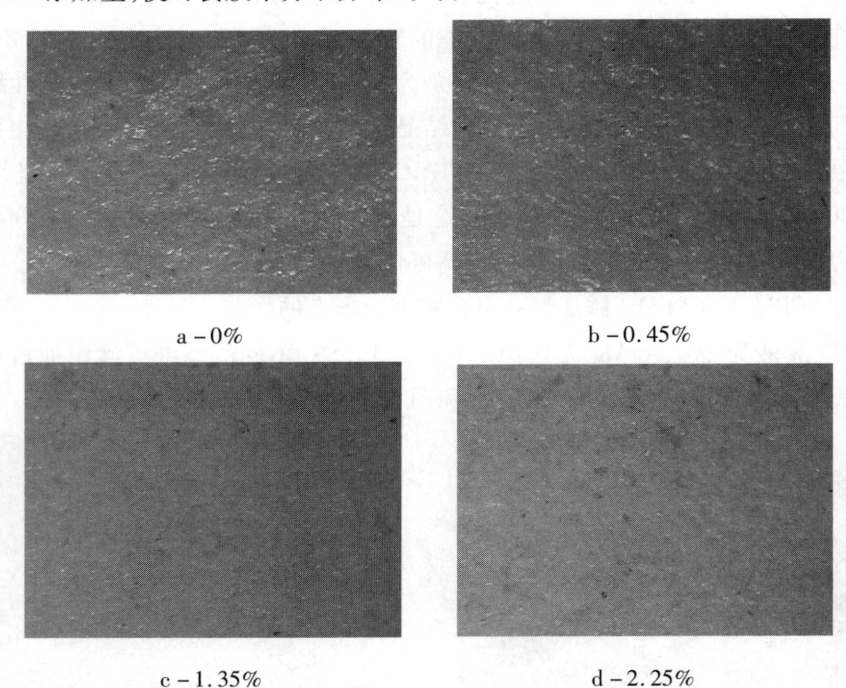

c－1.35%　　　　d－2.25%

图 4－8　不同 CPEMC 添加量可食膜的表面形态图(×100)

由图 4－8 可知,未添加 CPEMC 可食膜和当 CPEMC 的添加量为 0.45% 时,表面凸凹不平,有 SPI 析出;当 CPEMC 添加量为 1.35%、2.25% 时,可食膜表面平滑,SPI 和 CPEMC 分布均匀,但可见少量的 CPEMC。

2. SPI 添加量对可食膜性能的影响

(1)SPI 添加量对可食膜 *TS* 和 *E* 的影响。

改性纤维素为 1.35%,NaAlg 为 0.6%,Gly 为 1.5%,不同 SPI 添加量对可食膜 *TS* 和 *E* 的影响,结果见图 4-9 和图 4-10。

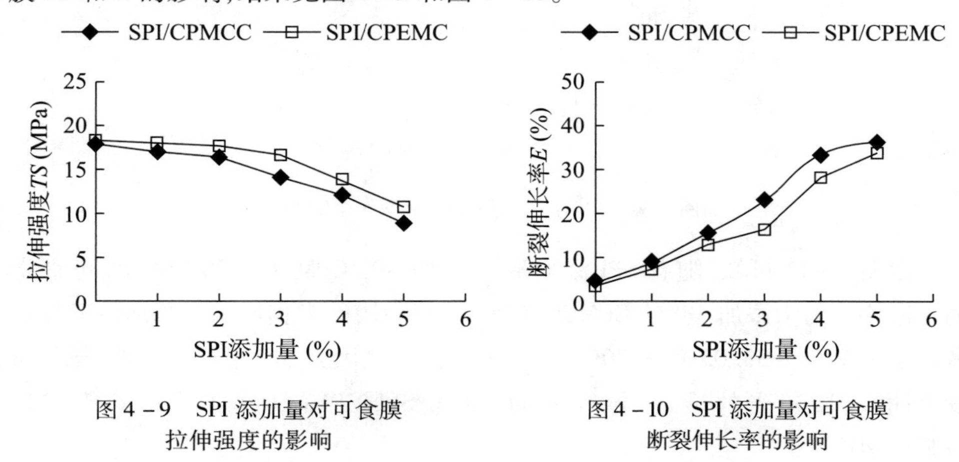

图 4-9　SPI 添加量对可食膜拉伸强度的影响

图 4-10　SPI 添加量对可食膜断裂伸长率的影响

由图 4-9 可知,随着 SPI 添加量的增加,SPI/CPMCC、SPI/CPEMC 可食膜的 *TS* 减小。与未添加 SPI 的 CPMCC、CPEMC 可食膜 *TS* 相比,SPI 添加使 *TS* 分别减小了 5.23%~49.16%、1.65%~41.61%。当 SPI 添加量为 0%~2% 时,随着 SPI 添加量的增加,SPI/CPMCC、SPI/CPEMC 可食膜的 *TS* 缓慢减小。当 SPI 添加量为2%~5% 时,随着 SPI 添加量的增加,SPI/CPMCC、SPI/CPEMC 可食膜的 *TS* 降幅增加。这是因为 SPI 是球状蛋白,随着 SPI 的不断增加,其蛋白多肽链未能充分打开伸展,具有大的侧链基团的聚合物链,形成的基质结构不够紧密,这种结构降低了成膜物 *TS*。SPI/CPMCC 可食膜的 *TS* 比 SPI/CPEMC 小。

由图 4-10 可知,随着 SPI 添加量的增加,SPI/CPMCC、SPI/CPEMC 可食膜的 *E* 增加。与未添加 SPI 的 CPMCC、CPEMC 可食膜的 *E* 相比,SPI 添加使 *E* 显著增加。这是因为随着 SPI 的不断增加,膜致密结构不够破坏,分子链段的活动能力增强,膜的连续性和柔韧性提高,使可食膜的 *E* 增加。SPI/CPMCC 可食膜的 *E* 比 SPI/CPEMC 大。

(2)SPI 添加量对可食膜 *T* 的影响。

改性纤维素为 1.35%,NaAlg 为 0.6%,Gly 为 1.5%,不同 SPI 添加量对可食膜 *T* 的影响,结果见图 4-11。

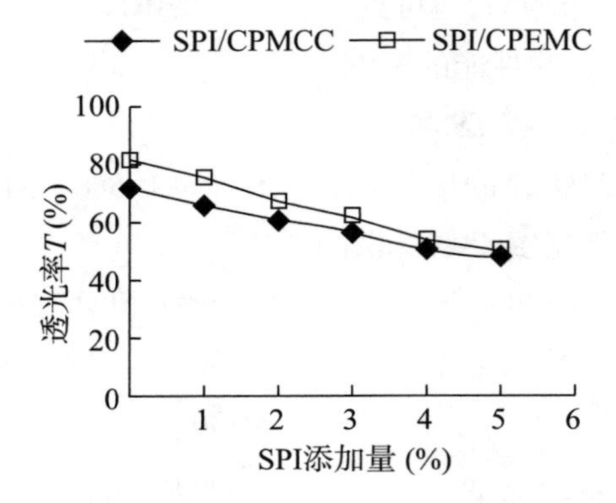

图4-11 SPI添加量对可食膜透光率的影响

由图4-11可知，随着SPI添加量的增加，SPI/CPMCC、SPI/CPEMC可食膜的T减小。与未添加SPI的CPMCC、CPEMC可食膜的T相比，SPI添加使T分别减小了7.59%~33.05%、7.70%~39.01%。这是因为SPI增加，使SPI分子间发生团聚，阻碍光的透过，导致T的降低。SPI/CPMCC可食膜的T比SPI/CPEMC小

(3)SPI添加量对可食膜阻气性能的影响。

改性纤维素为1.35%，NaAlg为0.6%，Gly为1.5%，不同SPI添加量对可食膜Pco_2、Po_2和WVP的影响，结果见表4-4。

表4-4 SPI添加量对可食膜Pco_2、Po_2和WVP影响

	SPI添加量(%)	水蒸气透过系数 WVP($\times 10^{-12}$g·cm^{-1}·s^{-1}·Pa^{-1})	二氧化碳透过率 Pco_2($\times 10^{-5}$cm^3·m^{-2}·d^{-1}·Pa^{-1})	氧气透过率 Po_2($\times 10^{-5}$cm^3·m^{-2}·d^{-1}·Pa^{-1})
CPMCC	0	0.696	4.85	3.89
	1	0.457	4.57	3.24
	2	0.294	3.98	3.04
	3	0.218	3.18	2.11
	4	0.325	2.88	1.75
	5	0.405	3.47	2.31
CPEMC	0	1.095	4.56	3.04
	1	0.878	3.95	2.45
	2	0.697	3.58	2.24

续表

	SPI 添加量(%)	水蒸气透过系数 $WVP(\times 10^{-12}g \cdot cm^{-1} \cdot s^{-1} \cdot Pa^{-1})$	二氧化碳透过率 $Pco_2(\times 10^{-5}cm^3 \cdot m^{-2} \cdot d^{-1} \cdot Pa^{-1})$	氧气透过率 $Po_2(\times 10^{-5}cm^3 \cdot m^{-2} \cdot d^{-1} \cdot Pa^{-1})$
	3	0.581	2.48	1.32
CPEMC	4	0.756	2.14	1.18
	5	0.847	2.52	1.48

由表4－4可知，随着SPI添加量的增加，SPI/CPMCC、SPI/CPEMC可食膜的*WVP*先减小后增加。与未添加SPI的CPMCC、CPEMC可食膜的*WVP*相比，SPI添加使*WVP*分别减小了34.34%～68.68%、19.82%～46.94%。当SPI添加量为0%～3%时，随着SPI添加量的增加，可食膜的*WVP*减小。这是因为改性SPI分子充分伸展，与纤维素分子充分作用，使得分子间的连接更加紧密，从而使水分子的渗透途径更加曲折，可食膜的水蒸气阻隔性能增强。当SPI添加量为3%～5%时，随着SPI添加量的增加，可食膜的*WVP*增加。这是因为SPI与多糖分子的相互作用只在有限的位点上进行，SPI增加到一定的程度，就会出现一个极限，作用位点不能再继续增加，多余的SPI分子游离于纤维素分子之外，使得分子之间的整体连接反而更松散，水分子更容易渗透进入膜内，因而导致膜的水蒸气阻隔性能下降，可食膜的*WVP*增加。SPI/CPMCC可食膜的*WVP*比SPI/CPEMC小。

由表4－4可知，随着SPI添加量的增加，SPI/CPMCC、SPI/CPEMC可食膜的Pco_2和Po_2先减小后增加。与未添加SPI的CPMCC、CPEMC可食膜的Pco_2相比，SPI添加使Pco_2分别减小了5.77%～40.62%、13.38%～53.07%；与未添加SPI的CPMCC、CPEMC可食膜的Po_2相比，SPI添加使Po_2分别减小了16.71%～55.01%、19.41%～61.18%。这是因为SPI球蛋白链状分子改性后，球状紧密折叠结构展开，从而暴露其内部的疏水基团、巯基以及二硫键，使其具有良好的阻CO_2和O_2性能。当SPI添加量为0%～4%时，随着SPI添加量的增加，可食膜的Pco_2和Po_2减小。这是因为SPI的疏水基团、巯基以及二硫键与多糖分子链间发生交联作用，形成立体网状结构，增强了阻CO_2和O_2性能。当SPI添加量为4%～5%时，随着SPI添加量的增加，可食膜的Pco_2和Po_2增加。这是因为SPI与多糖分子之间的作用位点有限，过多的SPI分子，使SPI分子内部发生交联作用，破坏了原有网状结构，导致CO_2和O_2通过可食膜的阻力变化。SPI/CPMCC可食膜的Pco_2和Po_2比SPI/CPEMC大。

(4)SPI 添加量对可食膜热学性能的影响。

改性纤维素为1.35%,NaAlg 为0.6%,Gly 为1.5%,不同 SPI 添加量对可食膜热学性能的影响,结果见图4-12、图4-13 和表4-5。

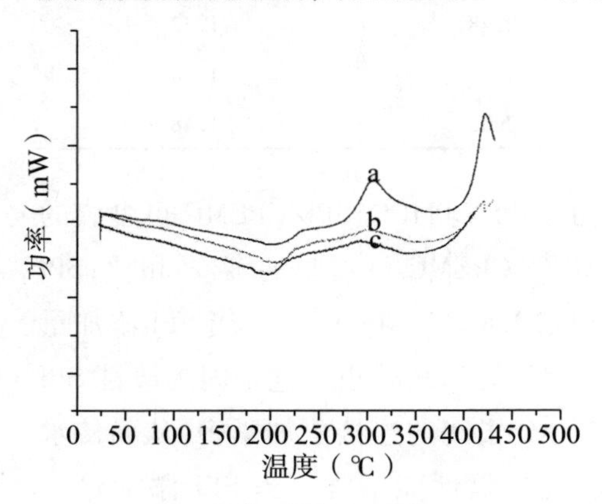

a-0;b-3%;c-5%

图4-12 不同 SPI 添加量 CPMCC 可食膜的 DSC 曲线

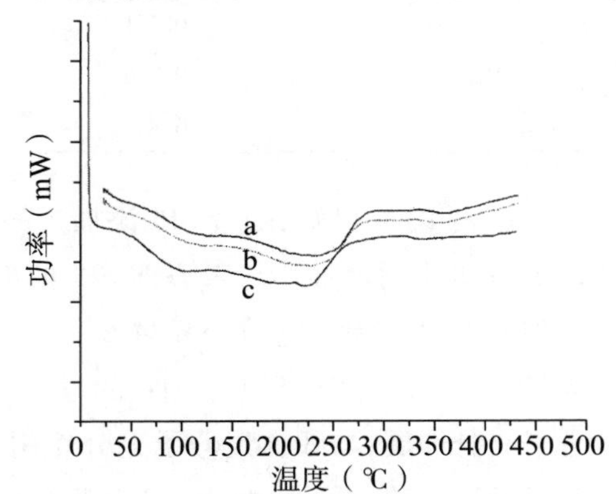

a-0;b-3%;c-5%

图4-13 不同 SPI 添加量 CPEMC 可食膜的 DSC 曲线

表4-5 不同 SPI 添加量可食膜的 DSC 参数

	SPI 添加量(%)	结晶温度 T_c(℃)	玻璃转化温度 T_g(℃)	熔融温度 T_m(℃)
CPMCC	0	206	235	306
	3	203	227	301
	5	195	218	292
CPEMC	0	237	266	340
	3	230	258	328
	5	225	246	316

由图4-12、图4-13 和表4-5 可知,随着 SPI 添加量的增加,可食膜的 T_c、T_g和 T_m减小。未添加 SPI 可食膜的 T_c、T_g和 T_m最高,这是因为改性纤维素的结晶度高,刚性强,分解热量高。添加 SPI 后,SPI 与改性纤维素分子间形成氢键,链段柔韧性升高。

(5)SPI 添加量对可食膜表面形态的影响。

改性纤维素为1.35%,NaAlg 为0.6%,Gly 为1.5%,不同 SPI 添加量对可食膜表面形态的影响,结果见图4-14 和图4-15。

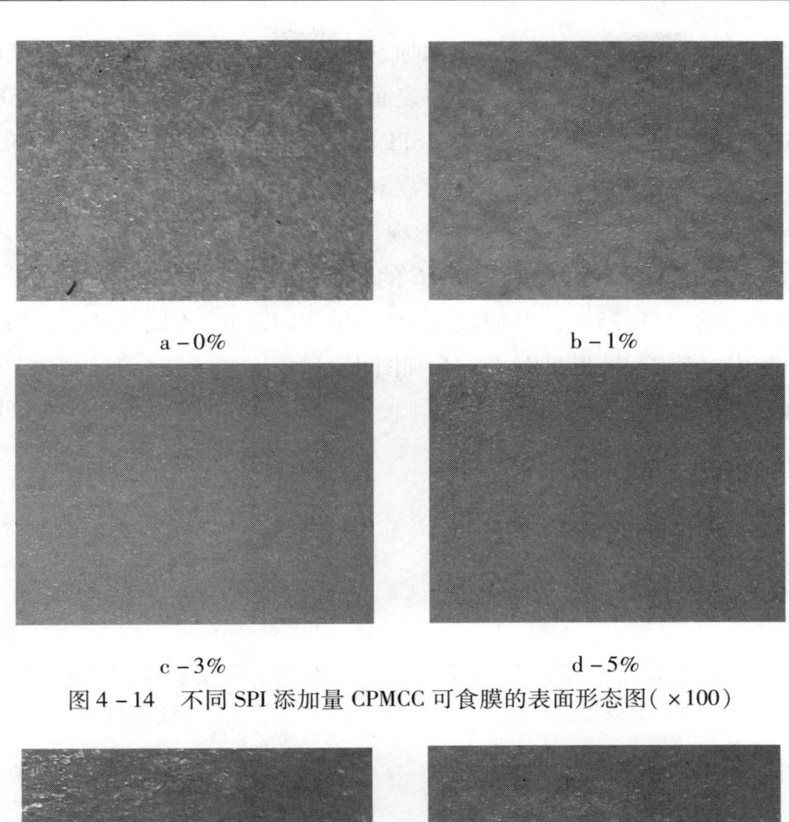

a－0%　　b－1%

c－3%　　d－5%

图 4－14　不同 SPI 添加量 CPMCC 可食膜的表面形态图（×100）

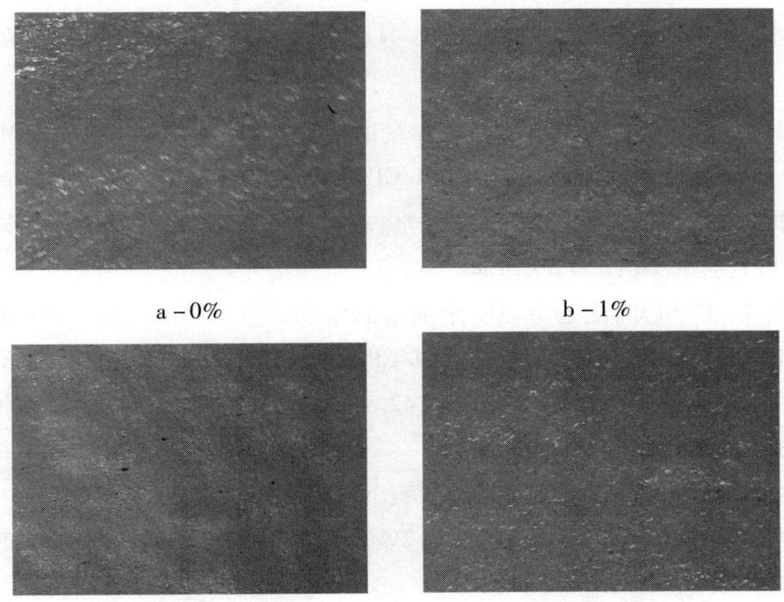

a－0%　　b－1%

c－3%　　d－5%

图 4－15　不同 SPI 添加量 CPEMC 可食膜的表面形态图（×100）

由图 4 - 14 和图 4 - 15 可知,未添加 SPI 可食膜,表面凹凸不平,可见改性纤维素。随着 SPI 添加量的增加,可食膜表面逐渐平滑,SPI 均匀分布。当 SPI 添加量为 5% 时,表面又变得凹凸不平,有 SPI 从可食膜析出。说明适当的 SPI 添加量,使可食膜中高分子材料分子很好交联和均匀分布。

3. NaAlg 添加量对可食膜性能的影响

(1) NaAlg 添加量对可食膜 *TS* 和 *E* 的影响。

改性纤维素为 1.35%,SPI 膜液为 2%,Gly 为 1.5%,不同 NaAlg 添加量对可食膜 *TS* 和 *E* 的影响,结果见图 4 - 16 和图 4 - 17。

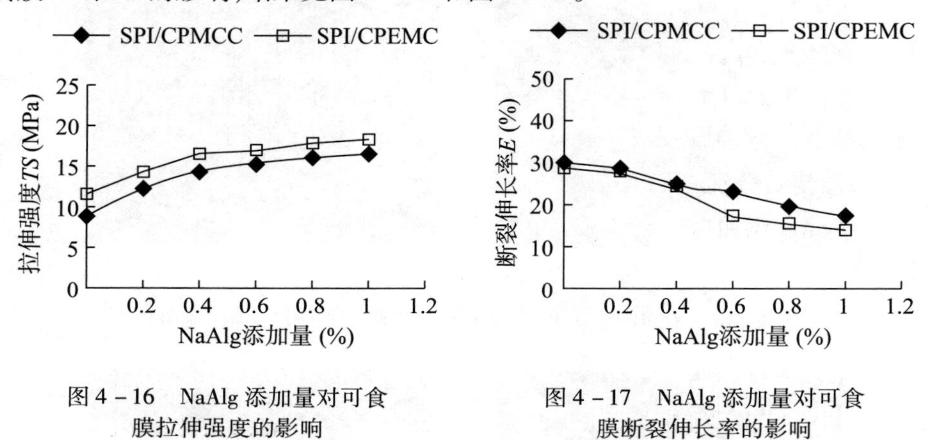

图 4 - 16　NaAlg 添加量对可食膜拉伸强度的影响

图 4 - 17　NaAlg 添加量对可食膜断裂伸长率的影响

由图 4 - 16 可知,随着 NaAlg 添加量的增加,SPI/CPMCC、SPI/CPEMC 可食膜的 *TS* 增加。与未添加 NaAlg 的 SPI/CPMCC、SPI/CPEMC 可食膜的 *TS* 相比,NaAlg 添加使 *TS* 分别增加了 35.01% ~ 78.77%、26.42% ~ 62.37%。SPI/CPMCC 可食膜的 *TS* 比 SPI/CPEMC 小。

由图 4 - 17 可知,随着 NaAlg 添加量的增加,SPI/CPMCC、SPI/CPEMC 可食膜的 *E* 减小。与未添加 NaAlg 的 SPI/CPMCC、SPI/CPEMC 可食膜的 *E* 相比,NaAlg 添加使 *E* 分别减小了 5.81% ~ 42.49%、3.44% ~ 50.17%。SPI/CPMCC 可食膜的 *E* 比 SPI/CPEMC 大。

(2) NaAlg 添加量对可食膜 *T* 的影响。

改性纤维素为 1.35%,SPI 膜液为 2%,Gly 为 1.5%,不同 NaAlg 添加量对可食膜 *T* 的影响,结果见图 4 - 18。

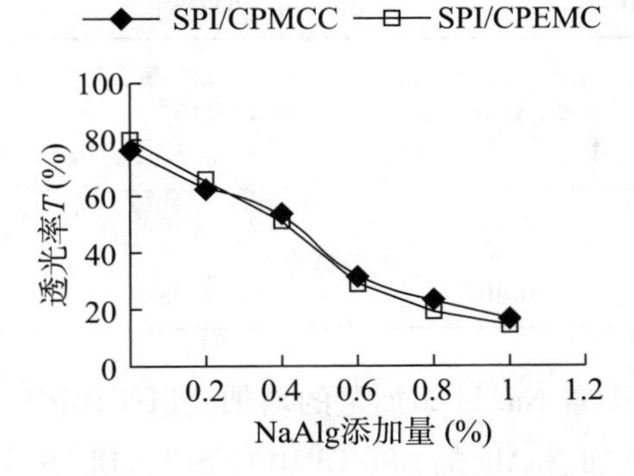

图 4－18　NaAlg 添加量对可食膜透光率的影响

由图 4－18 可知，随着 NaAlg 添加量的增加，SPI/CPMCC、SPI/CPEMC 可食膜的 T 减小。与未添加 NaAlg 的 SPI/CPMCC、SPI/CPEMC 可食膜的 T 相比，NaAlg 添加使 T 分别减小了 13.34% ~76.30%、14.25% ~80.34%。

(3) NaAlg 添加量对可食膜阻气性能的影响。

改性纤维素为 1.35%，SPI 膜液为 2%，Gly 为 1.5%，不同 NaAlg 添加量对可食膜 Pco_2、Po_2 和 WVP 的影响，结果见表 4－6。

表 4－6　NaAlg 添加量对可食膜 Pco_2、Po_2 和 WVP 的影响

名称	NaAlg 添加量(%)	水蒸气透过系数 WVP($\times10^{-12}$g·cm^{-1}·s^{-1}·Pa^{-1})	二氧化碳透过率 Pco_2($\times10^{-5}$cm^3·m^{-2}·d^{-1}·Pa^{-1})	氧气透过率 Po_2($\times10^{-5}$cm^3·m^{-2}·d^{-1}·Pa^{-1})
CPMCC	0	0.678	3.98	3.04
	0.2	0.549	3.87	2.88
	0.4	0.423	3.45	2.61
	0.6	0.237	3.12	2.54
	0.8	0.189	3.01	2.41
	1.0	0.178	3.08	2.45
CPEMC	0	1.024	3.15	2.21
	0.2	0.824	2.89	2.04
	0.4	0.654	2.64	1.87
	0.6	0.447	2.58	1.71

续表

名称	NaAlg 添加量(%)	水蒸气透过系数 WVP($\times10^{-12}$g·cm^{-1}·s^{-1}·Pa^{-1})	二氧化碳透过率 Pco_2($\times10^{-5}$cm^3·m^{-2}·d^{-1}·Pa^{-1})	氧气透过率 Po_2($\times10^{-5}$cm^3·m^{-2}·d^{-1}·Pa^{-1})
CPMCC	0.8	0.426	2.39	1.64
	1.0	0.405	2.35	1.54

由表4-6可知,随着NaAlg添加量的增加,SPI/CPMCC、SPI/CPEMC可食膜的WVP减小。与未添加NaAlg的SPI/CPMCC、SPI/CPEMC可食膜的WVP相比,NaAlg添加使WVP分别减小了19.03%~73.75%、19.53%~60.45%。SPI/CPMCC可食膜的WVP比SPI/CPEMC小。

由表4-6可知,随着NaAlg添加量的增加,SPI/CPMCC、SPI/CPEMC可食膜的Pco_2和Po_2减小。与未添加SPI的SPI/CPMCC、SPI/CPEMC可食膜的Pco_2相比,SPI添加使Pco_2分别减小了2.76%~22.61%、8.25%~25.40%;与未添加SPI的SPI/CPMCC、SPI/CPEMC可食膜的Po_2相比,SPI添加使Po_2分别减小了5.26%~19.41%、7.69%~30.31%。SPI/CPMCC可食膜的Pco_2和Po_2比SPI/CPEMC大。

(4)NaAlg添加量对可食膜热学性能的影响。

改性纤维素为1.35%,SPI膜液为2%,Gly为1.5%,不同NaAlg添加量对可食膜热学性能的影响,结果见图4-19、图4-20和表4-7。

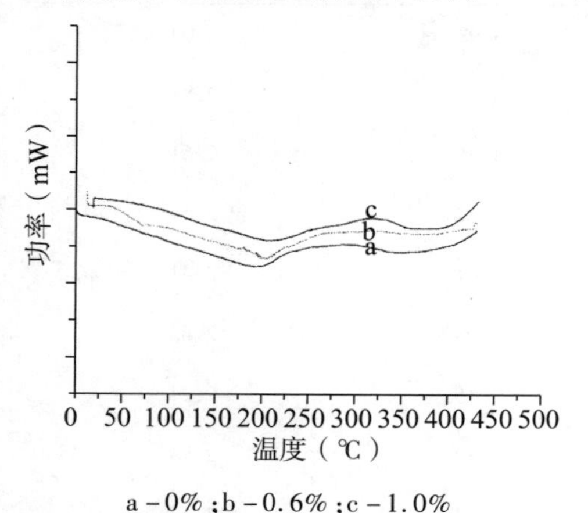

a-0%;b-0.6%;c-1.0%

图4-19 不同NaAlg添加量CPMCC可食膜的DSC曲线

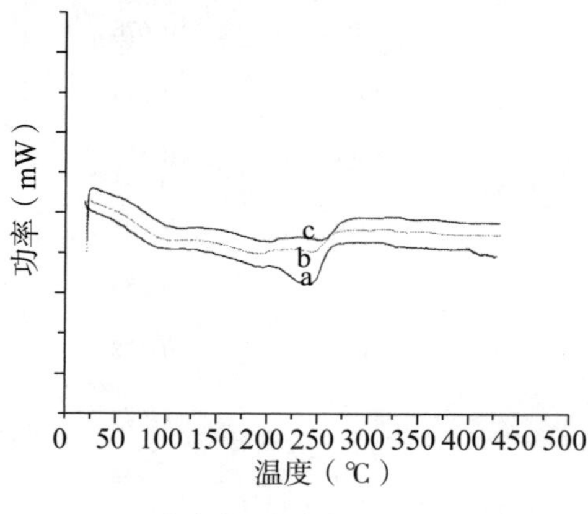

a-0%;b-0.6%;c-1.0%

图4-20 不同NaAlg添加量CPEMC可食膜的DSC曲线

表 4-7　不同 NaAlg 添加量可食膜的 DSC 参数

名称	NaAlg 添加量(%)	结晶温度 T_c(℃)	玻璃转化温度 T_g(℃)	熔融温度 T_m(℃)
CPMCC	0	195	218	288
	0.6	207	230	307
	1.0	211	236	322
CPEMC	0	240	255	268
	0.6	248	260	270
	1.0	258	269	280

由图 4-19、图 4-20 和表 4-7 可知，随着 NaAlg 添加量的增加，可食膜的 T_c、T_g 和 T_m 增加。未添加 NaAlg 可食膜的 T_c、T_g 和 T_m 最小，这是因为 NaAlg 膜液形成悬浮状，改性纤维素与 SPI 充分连接，使网状结构更加紧密，刚性增加，链段柔韧性降低，结晶度升高，玻璃态向熔融态转变更困难，分解热量高，即 T_c、T_g 和 T_m 增加。

(5) NaAlg 添加量对可食膜表面形态的影响。

改性纤维素为 1.35%，SPI 膜液为 2%，Gly 为 1.5%，不同 NaAlg 添加量对可食膜表面形态的影响，结果见图 4-21 和图 4-22。

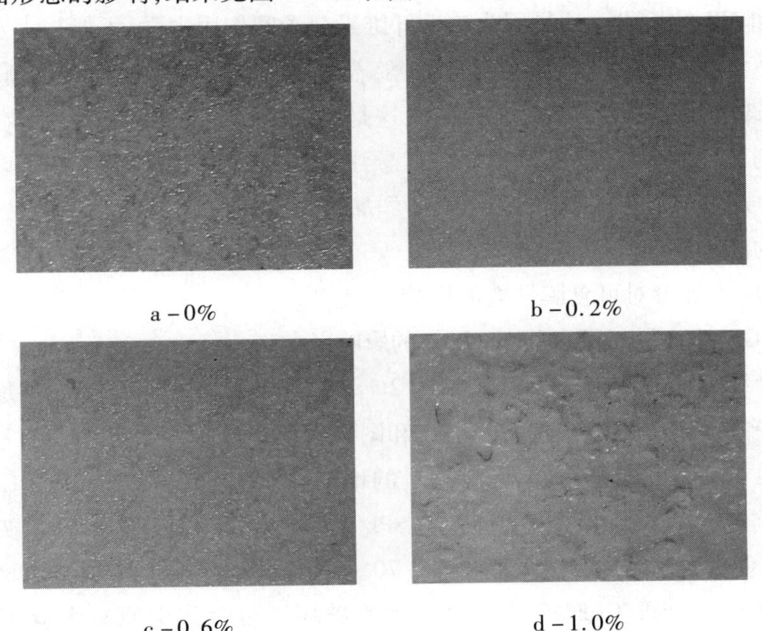

a-0%　b-0.2%　c-0.6%　d-1.0%

图 4-21　不同 NaAlg 添加量 CPMCC 可食膜的表面形态图(×100)

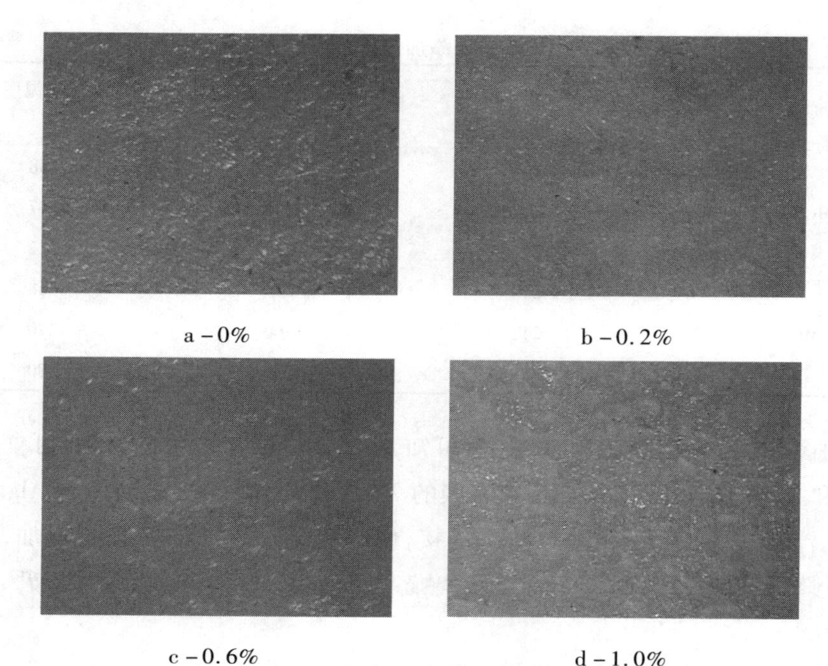

图4－22　不同 NaAlg 添加量 CPEMC 可食膜的表面形态图(×100)

由图4－21 和图4－22 可知,未添加 NaAlg 可食膜,表面凹凸不平,可见改性纤维素和 SPI 的析出。这是因为改性纤维素分子间作用力强,不能与水发生亲和作用而下沉,成膜后从可食膜中析出。随着 NaAlg 添加量的增加,可食膜表面逐渐平滑,改性纤维素和 SPI 分布均匀。这是因为 NaAlg 具有强亲水性,在共混体系中起到乳化剂的作用,使改性纤维素悬浮在共混体系中,与 SPI 分子以共价键连接,形成致密的网状结构。当 NaAlg 添加量为1.0%时,可食膜表面又变不平,有明显的凸起和凹陷。

4. Gly 添加量对可食膜性能的影响

(1)Gly 添加量对可食膜 *TS* 和 *E* 的影响。

改性纤维素为1.35%,SPI 膜液为2%,NaAlg 为0.6%,不同 Gly 添加量对可食膜 *TS* 和 *E* 的影响,结果见图4－23 和图4－24。

由图4－23 可知,随着 Gly 添加量的增加,SPI/CPMCC、SPI/CPEMC 可食膜的 *TS* 减小。与 Gly 添加量为0.5%的 SPI/CPMCC、SPI/CPEMC 可食膜 *TS* 相比,添加 Gly 使可食膜 *TS* 减小了0.42% ~70.87%、0.60% ~67.07%。SPI/CPMCC 可食膜的 *TS* 比 SPI/CPEMC 小。这是因为破坏了可食膜中原有大分子链的结构,降低了大分子的聚合度,增大了可食膜结构中分子的自由空间,导致可食膜的结晶度下降，分子的有序性也受到影响，分子之间的相互作用减弱，可食膜的 *TS* 减小。

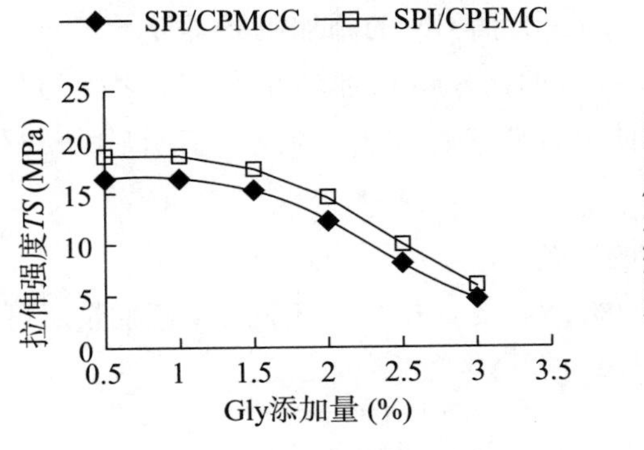

图 4－23　Gly 添加量对可食膜拉伸强度的影响

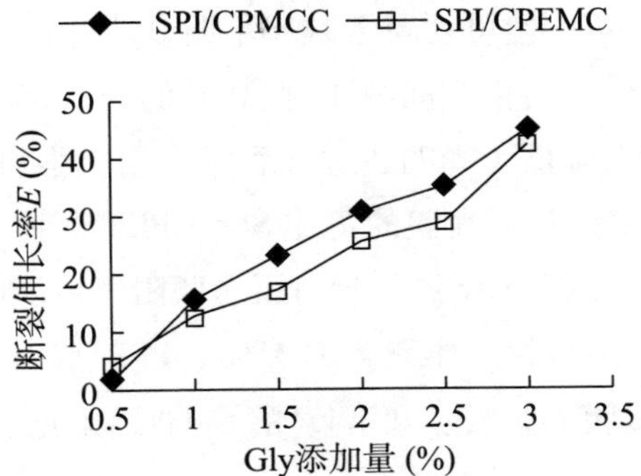

图 4－24　Gly 添加量对可食膜断裂伸长率的影响

由图 4－24 可知，随着 Gly 添加量的增加，SPI/CPMCC、SPI/CPEMC 可食膜的 *E* 增加。与 Gly 添加量为 0.5% 的 SPI/CPMCC、SPI/CPEMC 可食膜 *E* 相比，添加 Gly 使可食膜 *E* 显著增加。这是因为 Gly 的添加削弱了大分子之间的相互作用，软化了可食膜的刚性结构，增加了链的流动性，可食膜的结构也就得到有效的延展和松弛，从而改善了可食膜的柔韧性，可食膜 *E* 增大。

(2) Gly 添加量对可食膜 *T* 的影响。

改性纤维素为 1.35%，SPI 膜液为 2%，NaAlg 为 0.6%，不同 Gly 添加量对可食膜 *T* 的影响，结果见图 4－25。

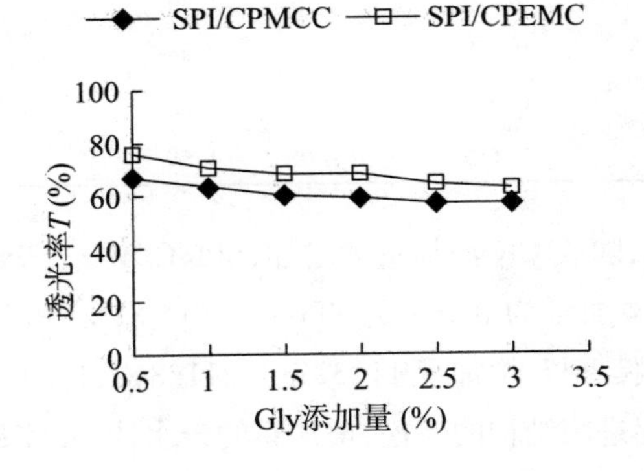

图 4－25　Gly 添加量对可食膜透光率的影响

由图4－25可知，随着Gly添加量的增加，SPI/CPMCC、SPI/CPEMC可食膜的*T*减小。与Gly添加量为0.5%的SPI/CPMCC、SPI/CPEMC可食膜*T*相比，添加Gly使可食膜*T*减小不明显。这是因为一方面Gly的添加破坏了分子之间紧密性，自由空间减小，提高光的透过；另一方面，Cly的增加填充了分子之间的孔隙，降低了光的透过。后者作用更强，使可食膜T减小，但的改变不明显。SPI/CPMCC可食膜的*T*比SPI/CPEMC小。

(3)Gly添加量对可食膜阻气性能的影响。

改性纤维素为1.35%，SPI膜液为2%，NaAlg为0.6%，不同Gly添加量对可食膜Pco_2、Po_2和*WVP*的影响，结果见表4－8。

表4－8　Gly添加量对可食膜Pco_2、Po_2和*WVP*的影响

名称	Gly添加量(%)	水蒸气透过系数 *WVP*($\times 10^{-12}$g·cm^{-1}·s^{-1}·Pa^{-1})	二氧化碳透过率 Pco_2($\times 10^{-5}$cm^3·m^{-2}·d^{-1}·Pa^{-1})	氧气透过率 Po_2($\times 10^{-5}$cm^3·m^{-2}·d^{-1}·Pa^{-1})
CPMCC	0.5	0.212	2.71	1.42
	1.0	0.236	2.89	1.68
	1.5	0.261	2.97	1.99
	2.0	0.345	3.58	2.51
	2.5	0.623	3.88	2.78
	3.0	0.661	4.98	3.87
CPEMC	0.5	0.489	2.01	1.24
	1.0	0.562	2.21	1.38
	1.5	0.656	2.34	1.54
	2.0	0.798	2.58	1.68
	2.5	0.957	3.25	2.34
	3.0	1.115	4.56	2.04

由表4－8可知，随着Gly添加量的增加，SPI/CPMCC、SPI/CPEMC可食膜的*WVP*增加。与Gly添加量为0.5%的SPI/CPMCC、SPI/CPEMC可食膜*WVP*相比，添加Gly使可食膜*WVP*增加了11.32%～211.8%、14.92%～128.01%。这是因为Gly的添加促进膜结构的疏松，增加膜的亲水性，使膜的*WVP*上升。SPI/CPMCC可食膜的*WVP*比SPI/CPEMC小。

由表4－8可知，随着Gly添加量的增加，SPI/CPMCC、SPI/CPEMC可食膜的Pco_2和Po_2增加。与Gly添加量为0.5%的SPI/CPMCC、SPI/CPEMC可食膜Pco_2

相比,添加 Gly 使可食膜 Pco_2 增加了 6.64% ~83.74%、9.95% ~126.86%;与 Gly 添加量为 0.5% 的 SPI/CPMCC、SPI/CPEMC 可食膜 Po_2 相比,添加 Gly 使可食膜 Po_2 增加了 18.31% ~172.53%、11.29% ~64.52%。这是因为 Gly 的添加促进膜结构的疏松,可食膜的自己空间增加,CO_2 和 O_2 透过可食膜容易,即可食膜的 Pco_2 和 Po_2 增加。SPI/CPMCC 可食膜的 Pco_2 和 Po_2 比 SPI/CPEMC 大。

(4)Gly 添加量对可食膜热学性能的影响。

改性纤维素为 1.35%,SPI 膜液为 2%,NaAlg 为 0.6%,不同 Gly 添加量对可食膜热学性能的影响,结果见图 4-26、图 4-27 和表 4-9。

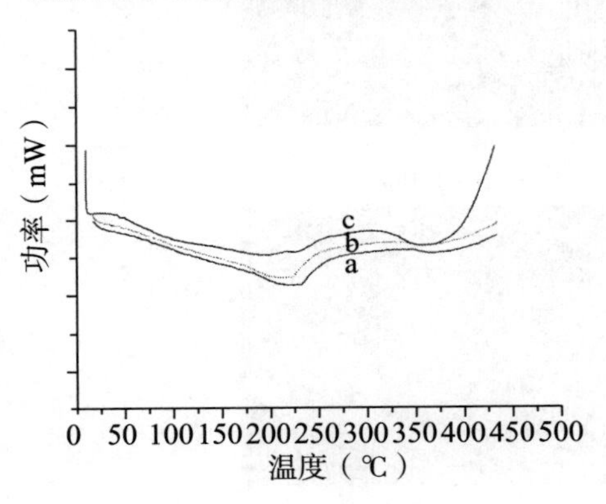

a-1%;b-2%;c-3%

图 4-26 不同 Gly 添加量 CPMCC 可食膜的 DSC 曲线

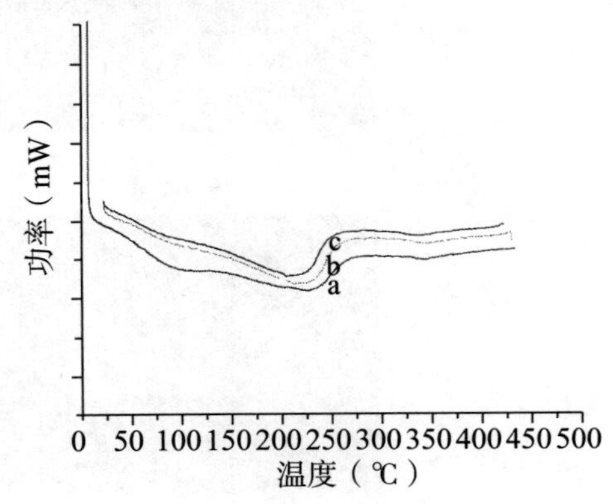

a-1%;b-2%;c-3%

图 4-27 不同 Gly 添加量 CPEMC 可食膜的 DSC 曲线

表 4-9 不同 Gly 添加量可食膜的 DSC 参数

名称	Gly 添加量(%)	结晶温度 T_c(℃)	玻璃转化温度 T_g(℃)	熔融温度 T_m(℃)
CPMCC	1.0	231	248	338
	2.0	221	238	333
	3.0	198	217	307
CPEMC	1.0	228	250	270
	2.0	215	243	259
	3.0	205	233	250

由图 4-26、图 4-27 和表 4-9 可知,随着 Gly 添加量的增加,可食膜的 T_c、T_g 和 T_m 减小。未添加 Gly 可食膜的 T_c、T_g 和 T_m 最高,这是因为 Gly 的添加,会稀释原体系的分子浓度,导致分子间作用力降低,链段柔韧性增加,从而降低原体

系的 T_c、T_g和 T_m。而添加量越大,稀释作用越明显。增塑剂能有效地促进分子间流动性的增加,从而提高膜的 E。

(5)Gly 添加量对可食膜表面形态的影响。

改性纤维素为 1.35%,SPI 膜液为 2%,NaAlg 为 0.6%,不同 Gly 添加量对可食膜表面形态的影响,结果见图 4-28 和图 4-29。

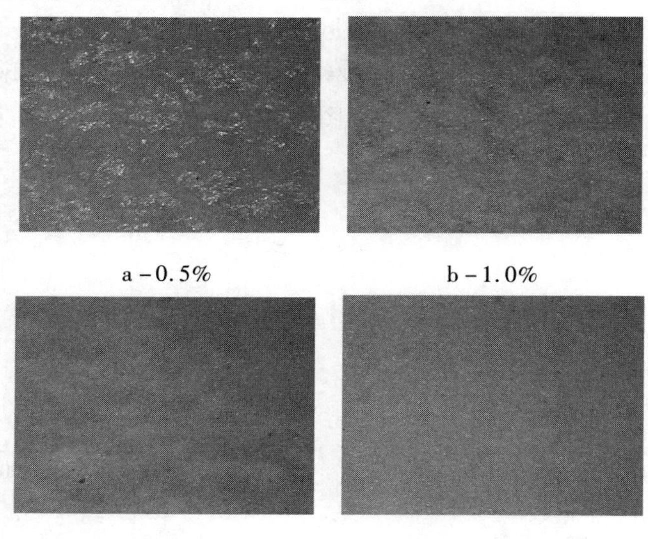

a-0.5%　b-1.0%

c-2.0%　d-3.0%

图 4-28　不同 Gly 添加量 CPMCC 可食膜的表面形态图(×100)

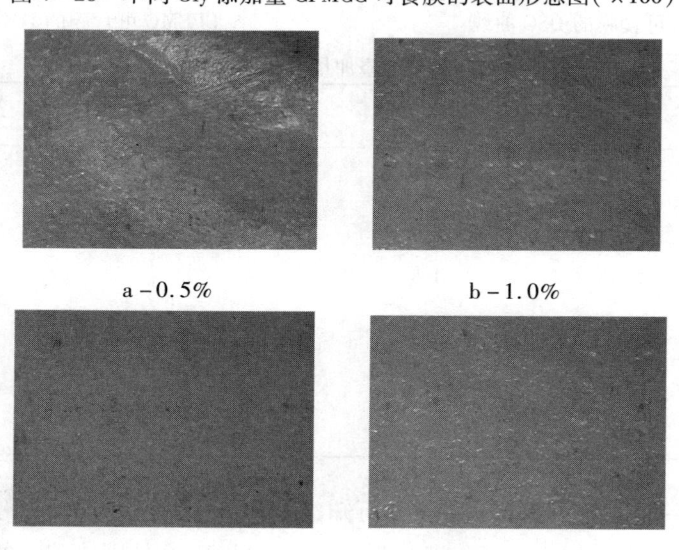

a-0.5%　b-1.0%

c-2.0%　d-3.0%

图 4-29　不同 Gly 添加量 CPEMC 可食膜的表面形态图(×100)

由图4－28和图4－29可知，当Gly添加量为0.5%时，可食膜表面凹凸不平，易脆，出现裂痕。当Gly添加量为2.0%时，可食膜表面平滑，共混物分布均匀。当Gly添加量为1.0%和3.0%时，可食膜表面出现细小颗粒析出，这些细小颗粒可能是改性纤维素和SPI。

（三）可食膜的结构表征

1. SEM表征

不同改性纤维素添加量可食膜平面和截面的SEM图见图4－30～图4－37。

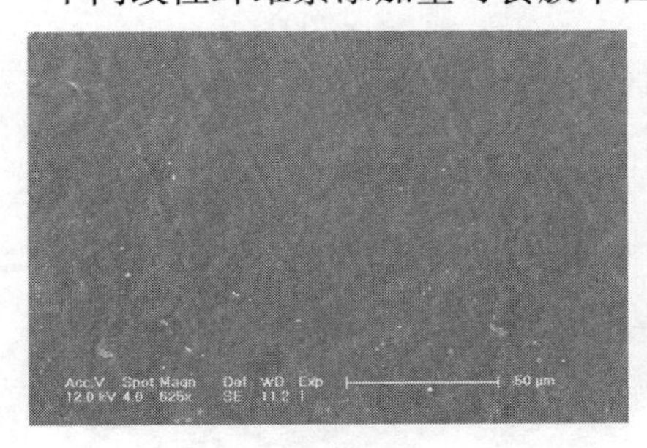

a（×625）

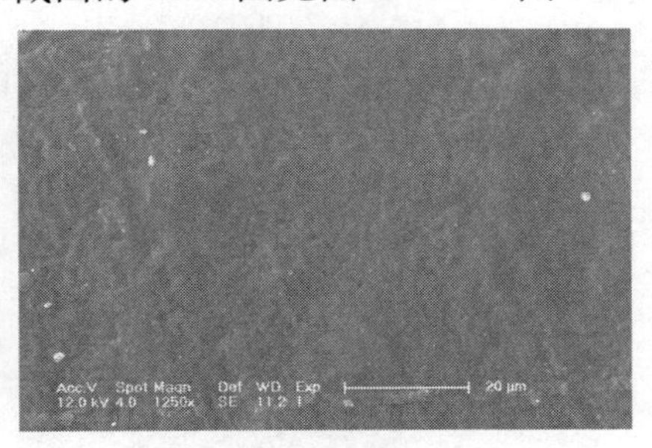

b（×1250）

图4－30　SPI/1.35% CPMCC可食膜表面的SEM图

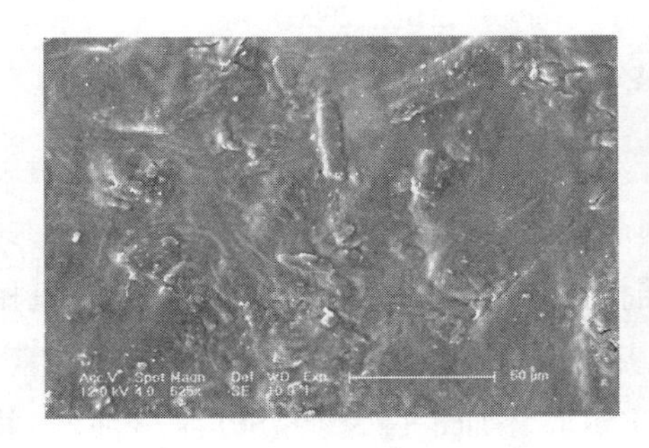

a（×625）

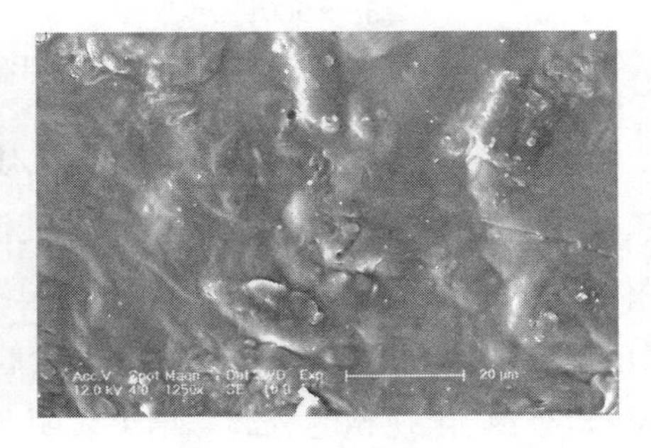

b（×1250）

图4－31　SPI/2.25% CPMCC可食膜表面的SEM图

由图4－30和图4－31可知，当CPMCC添加量为1.35%时，可食膜的表面平整，改性纤维素和SPI分布均匀；当CPMCC添加量为2.25%时，可食膜的表面凹凸不平，可见改性纤维素和SPI颗粒析出。结果表明，SPI/1.35% CPMCC共混体系相容性要好于SPI/2.25% CPMCC。

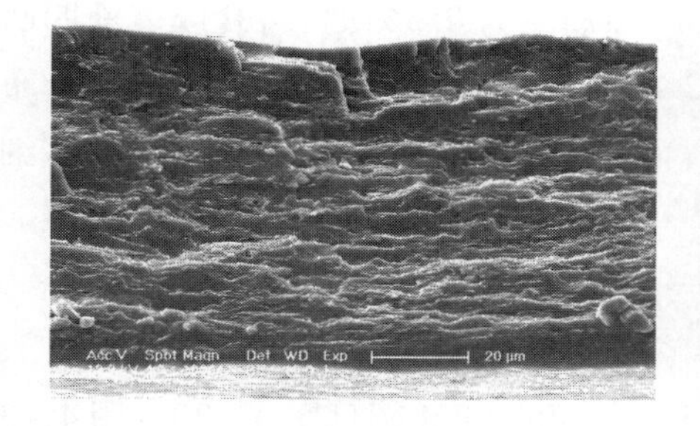

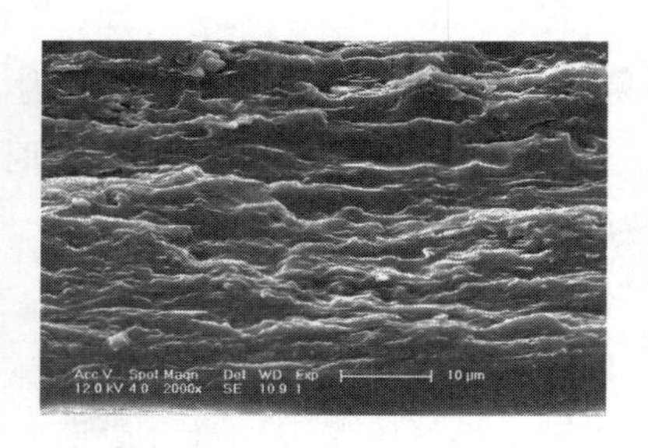

a(×1000)　　　　　　　　b(×2000)

图 4 – 32　SPI/1.35% CPMCC 可食膜截面的 SEM 图

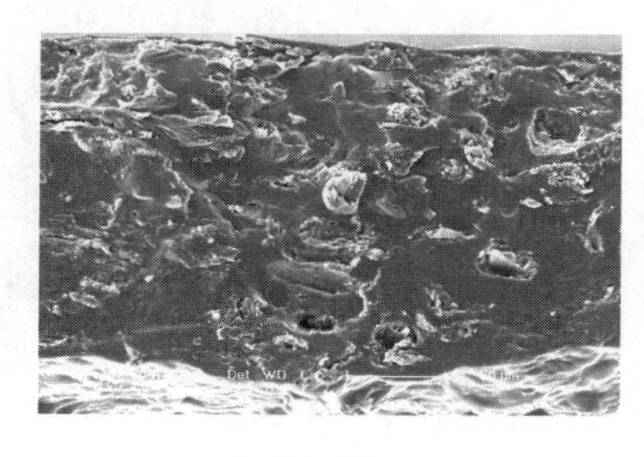

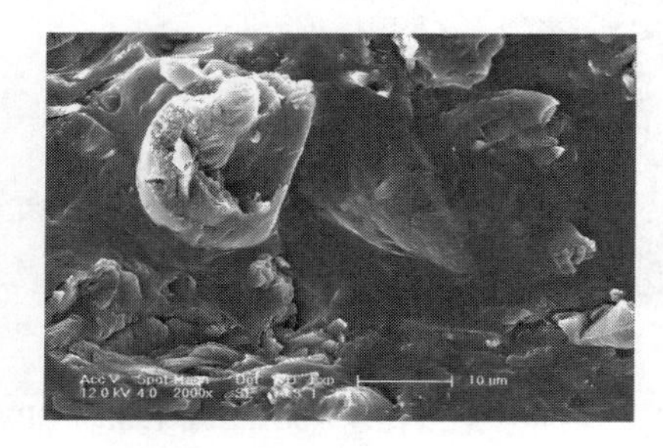

a(×500)　　　　　　　　b(×2000)

图 4 – 33　SPI/2.25% CPMCC 可食膜截面的 SEM 图

由图 4 – 32 和图 4 – 33 可知，SPI/1.35% CPMCC 可食膜截面，结构均匀致密，无被拉断的纤维素和拔脱留下的孔洞。说明 CPMCC 添加量为 1.35% 时，共混体系相容性好，无相的分离。可食膜结构均匀致密，通过膜的阻力增加，机械强度提高。而 SPI/1.35% CPMCC 可食膜截面有许多孔隙以及被拔脱的纤维素，纤维素外露，出现相的分离。结果表明，CPMCC 添加量过大，与 SPI 结合薄弱，共混体系相容性差。可食膜致密结构被破坏，其性能明显降低。

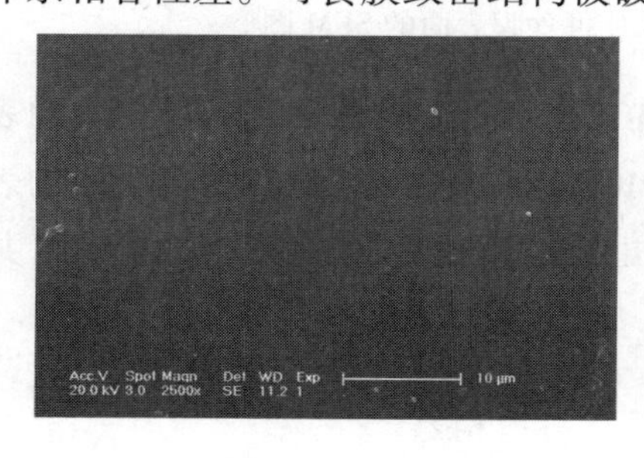

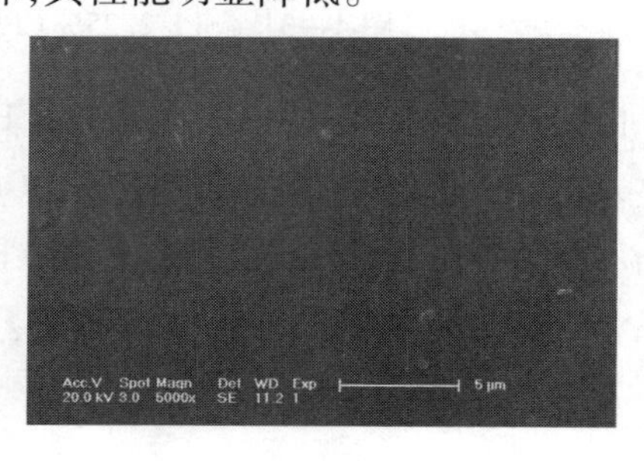

a(×2500)　　　　　　　　b(×5000)

图 4 – 34　SPI/1.35% CPEMC 可食膜表面的 SEM 图

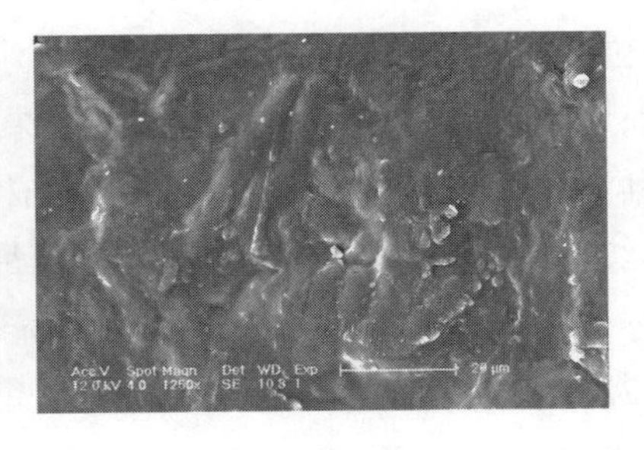

a(×625)　　　　　　　　　　b(×1250)

图 4 - 35　SPI/2.25% CPEMC 可食膜表面的 SEM 图

由图 4 - 34 和图 4 - 35 可知，当 CPEMC 添加量为 1.35% 时，可食膜的表面平整，改性纤维素和 SPI 分布均匀；当 CPEMC 添加量为 2.25% 时，可食膜的表面凹凸不平，可见改性纤维素和 SPI 颗粒析出。结果表明，SPI/1.35% CPEMC 共混体系相容性要好于 SPI/2.25% CPEMC。

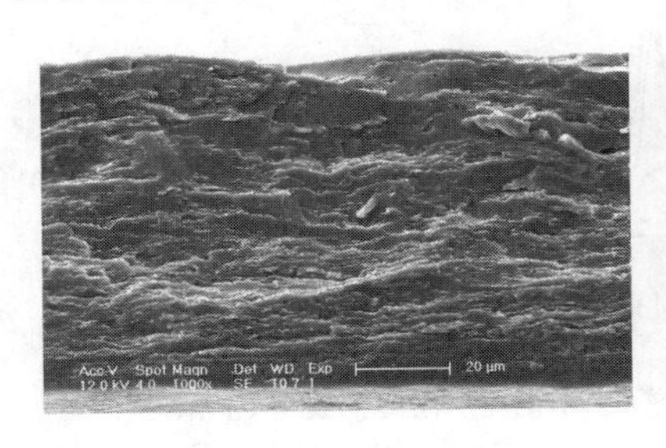

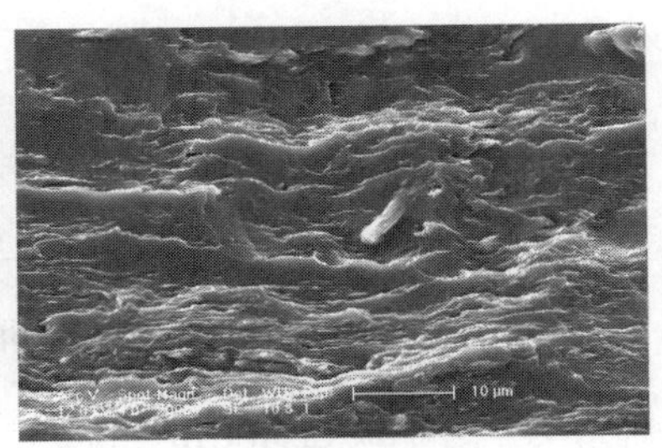

a(×1000)　　　　　　　　　　b(×2000)

图 4 - 36　SPI/1.35% CPEMC 可食膜截面的 SEM 图

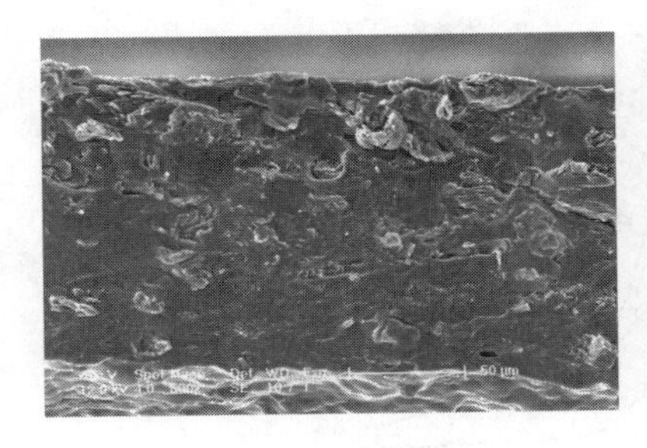

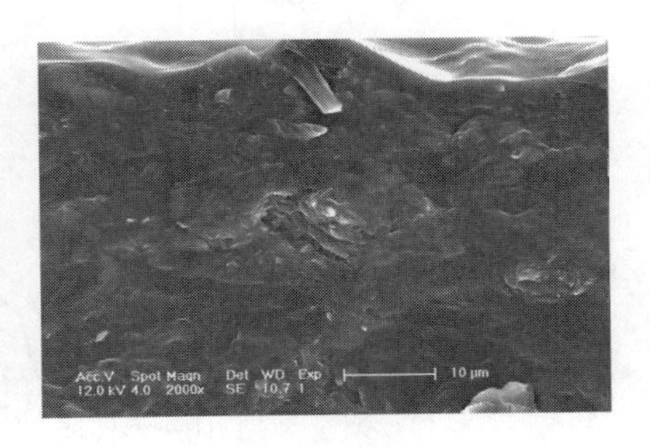

a(×500)　　　　　　　　　　b(×2000)

图 4 - 37　SPI/2.25% CPEMC 可食膜截面的 SEM 图

由图 4 - 36 和图 4 - 37 可知，SPI/1.35% CPEMC 可食膜截面，结构均匀致密，可见极少被拉断的纤维素和拔脱留下的孔洞。说明 CPEMC 添加量为 1.35%

时，共混体系相容性好，无相的分离。可食膜结构均匀致密，通过膜的阻力增加，机械强度提高。而SPI/1.35% CPEMC可食膜截面有许多孔隙以及被拔脱的纤维素，纤维素外露，出现相的分离。结果表明，CPEMC添加量过大，与SPI结合薄弱，共混体系相容性差。可食膜致密结构被破坏，其性能明显降低。

综上所述，改性纤维素与SPI达到最佳添加量，共混体系相容性好，无两相分离，分子间形成致密的结构，可食膜性能得到提高。

2. X－ray表征

CPMCC、SPI和SPI/CPMCC可食膜的X－ray图谱见图4－38，CPEMC、SPI和SPI/CPEMC可食膜的X－ray图谱见图4－39。

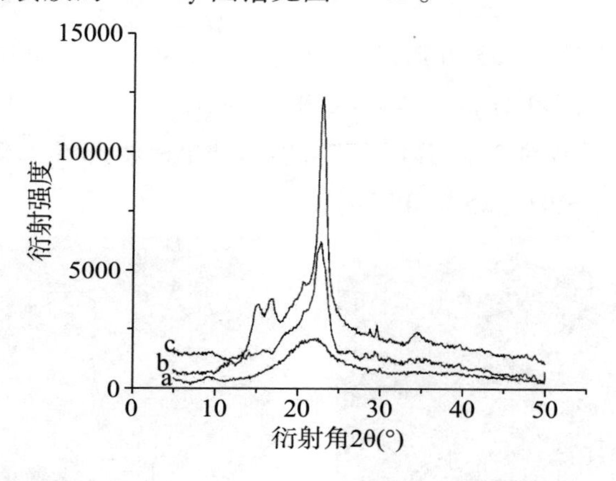

a－ SPI/0% CPMCC；b－ SPI/1.35% CPMCC；c－SPI/2.25% CPMCC

图4－38　SPI/0% CPMCC、SPI/1.35% CPMCC和SPI/2.25% CPMCC可食膜的X－ray图谱

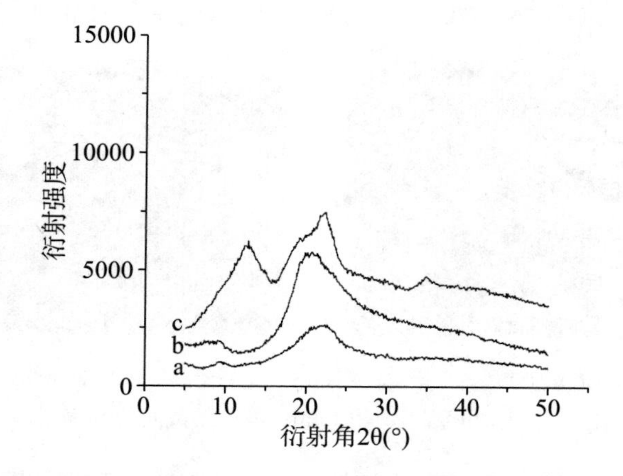

a－ SPI/0% CPMCC；b－ SPI/1.35% CPEMC；c－SPI/2.25% CPEMC

图4－39　SPI/0% CPMCC、SPI/1.35% CPEMC和SPI/2.25% CPEMC可食膜的X－ray图谱

由图4－38、图4－39可知，随着改性纤维素添加量的增加，X－ray图谱的特征衍射峰强度增加。未添加改性纤维素和改性纤维素添加量为1.35%的可食膜有一个特征衍射峰，并且衍射峰衍射强度随添加量的增加而增强，这是因为改性纤维素的添加使可食膜的结晶度增加。当改性纤维素添加量为2.25%时，可食膜有两个明显特征衍射峰，但特征衍射峰衍射强度仍低于纯改性纤维素（三个特征衍射峰分别为14.76°、22.81°和35.1°），这是因为一方面改性纤维素在可食膜中含量高；另一方面对于可食膜衍射峰来说，改性纤维素衍射峰强度高。

3. FT－IR表征

CPMCC、CPEMC、SPI、SPI/CPEMC可食膜和SPI/CPMCC可食膜的FT－IR特征吸收峰图谱见图4－40。

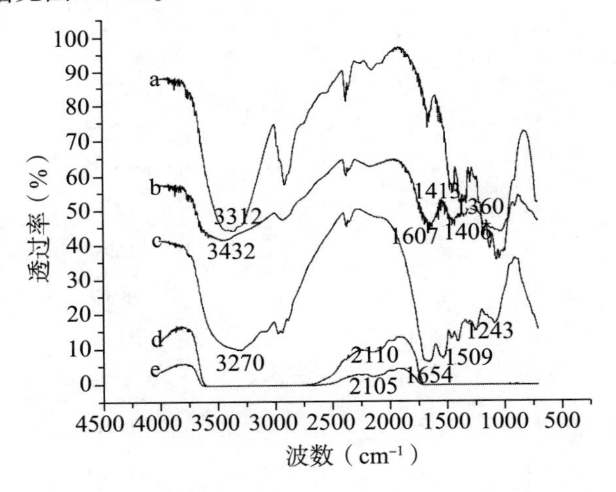

a－CPMCC；b－CPEMC；c－SPI；d－SPI/CPMCC；e－SPI/CPEMC

图4－40　CPMCC、CPEMCC、SPI和SPI/CPMCC可食膜、SPI/CPEMC可食膜的红外光谱图

由图4－40－c可知，SPI的特征吸收峰为：3270cm^{-1}出现“酰胺Ⅱ吸收峰”，即N—H的伸缩振动；1654cm^{-1}出现“酰胺Ⅰ吸收峰”，即C＝O的伸缩振动；1509cm^{-1}是“酰胺Ⅱ吸收峰”，即C—N伸缩振动或N—H的弯曲振动；1240cm^{-1}为“酰胺Ⅳ吸收峰”，即C—N伸缩振动或C—O的伸缩振动。由图4－40－d、e可知，SPI/CPMCC可食膜和SPI/CPEMC可食膜在2110cm^{-1}和2105cm^{-1}出现吸收峰，在3500～3300cm^{-1}和1700～800cm^{-1}未出现吸收峰，说明没有纤维素和SPI的特征官能团出现。很可能由于当在SPI中加入纤维素后，可食膜形成一个相容体系。SPI上氨基和酰胺基与纤维素的羟基发生反应，以氢键相结合改变自身的结构，并形成新的、结构致密的共混物。

(四)可食膜成膜工艺的优化

1. SPI/CPMCC 成膜工艺的优化

(1)二次回归正交旋转组合试验设计和试验结果。

改性纤维素添加量(X_1)、SPI 添加量(X_2)、NaAlg 添加量(X_3)和 Gly 添加量(X_4)为试验因素,可食膜拉伸强度(Y_1)和水蒸气透过系数(Y_2)作为指标进行分析,SPI/CPMCC 可食膜成膜工艺的 *TS* 和 *WVP* 优化试验设计及试验结果见表 4-10。

表 4-10 SPI/CPMCC 可食膜成膜工艺优化试验设计及试验结果

处理	X_1	X_2	X_3	X_4	Y_1	Y_2
1	1	1	1	1	10.45	0.689
2	1	1	1	-1	13.56	0.422
3	1	1	-1	1	9.85	0.834
4	1	1	-1	-1	13.01	0.576
5	1	-1	1	1	14.12	0.693
6	1	-1	1	-1	16.95	0.434
7	1	-1	-1	1	12.98	0.847
8	1	-1	-1	-1	16.84	0.587
9	-1	1	1	1	8.67	0.622
10	-1	1	1	-1	11.98	0.354
11	-1	1	-1	1	7.75	0.765
12	-1	1	-1	-1	11.12	0.505
13	-1	-1	1	1	12.24	0.622
14	-1	-1	1	-1	15.01	0.363
15	-1	-1	-1	1	10.89	0.775
16	-1	-1	-1	-1	13.78	0.516
17	2	0	0	0	14.34	0.756
18	-2	0	0	0	11.34	0.635
19	0	2	0	0	8.21	0.675
20	0	-2	0	0	15.89	0.735
21	0	0	2	0	15.33	0.354
22	0	0	-2	0	12.23	0.665
23	0	0	0	2	7.42	0.807
24	0	0	0	-2	15.15	0.467

续表

处理	X_1	X_2	X_3	X_4	Y_1	Y_2
25	0	0	0	0	14.34	0.359
26	0	0	0	0	14.56	0.442
27	0	0	0	0	14.32	0.368
28	0	0	0	0	14.45	0.414
29	0	0	0	0	13.67	0.363
30	0	0	0	0	13.78	0.401
31	0	0	0	0	14.56	0.393
32	0	0	0	0	14.34	0.414
33	0	0	0	0	13.89	0.378
34	0	0	0	0	14.67	0.473
35	0	0	0	0	14.03	0.342
36	0	0	0	0	14.45	0.497

(2)方差分析及回归方程的建立。

SPI/CPMCC 可食膜 *TS* 的二次回归模型方差分析结果见表4－11。

由表4－11可知，$F_{回}=83.63>F_{0.01}(14,20)=3.07$，$P=0.0001<0.01$，说明二次回归模型极显著；$F_{失}=2.22<F_{0.05}(10,11)=2.86$，$P=0.1031>0.05$，失拟项不显著；模型的决定系数 R^2 为0.9824，响应值变化有98.24%来源于自变量，预测值与实测值之间具有高度的相关性。由此可知，二次回归模型在显著水平时不失拟，回归模型与实际情况拟合性好，可以用此模型来分析和预测 SPI/CPMCC 可食膜的 *TS*。

表4－11　SPI/CPMCC 可食膜 *TS* 的二次回归模型方差分析

变异来源	自由度	平方和	均方	*F* 比值	*P*
X_1	5	25.33775	5.06755	29.25	<0.0001
X_2	5	82.9224	16.58448	95.71	<0.0001
X_3	5	7.890018	1.578004	9.11	0.0001
X_4	5	87.31985	17.46397	100.79	<0.0001
一次项	4	169.7121	0.8218	244.86	<0.0001
二次项	4	32.55694	0.1577	46.97	<0.0001
交互项	6	0.6005	0.0029	0.58	0.7439

续表

变异来源	自由度	平方和	均方	F 比值	P
回归模型	14	202.8695	0.9824	$F_{回}=83.63$	<0.0001
剩余项	21	3.638775	0.173275		
失拟项	10	2.434075	0.243407	$F_{失}=2.22$	0.1031
误差	11	1.2047	0.109518		
Y_1均值	13.06028				
标准误差	0.416263				
R^2	0.9824				
变异系数	3.1872				

注：$F_{0.05}(10,11)=2.86$，$F_{0.01}(14,21)=3.07$。

通过二次回归分析对试验数据进行回归拟合，确立 SPI/CPMCC 可食膜 *TS* 的最优拟合二次多项式方程。SPI/CPMCC 可食膜的 *TS* 回归方程系数结果见表4－12。

由表4－12可知，以 SPI/CPMCC 可食膜 *TS* 为(Y_1)值，以 CPMCC 添加量(X_1)、SPI 添加量(X_2)、NaAlg 添加量(X_3)和 Gly 添加量(X_4)的编码值为自变量的四元二次回归方程为：

$Y_1=-15.4258+1.2325X_1+0.255042X_2+22.09167X_3+5.650833X_4-0.01441X_1^2-0.00203X_2X_1-0.00558X_2^2-0.245X_3X_1-0.05625X_3X_2-12.5208X_3^2-0.0155X_4X_1-0.0075X_4X_2+1.575X_4X_3-2.99583X_4^2$。

表4－12　SPI/CPMCC 可食膜 *TS* 的二次回归模型系数及显著性分析

变异来源	自由度	估值	标准误差	t 值	$P>\|t\|$
常数	1	−15.4258	5.152395	−2.99	0.0069
X_1	1	1.2325	0.214957	5.73	<0.0001
X_2	1	0.255042	0.092885	2.75	0.0121
X_3	1	22.09167	9.687997	2.28	0.0331
X_4	1	5.650833	1.857703	3.04	0.0062
X_1^2	1	−0.01441	0.002943	−4.9	<0.0001
X_2X_1	1	−0.00203	0.002081	−0.97	0.3417
X_2^2	1	−0.00558	0.000736	−7.58	<0.0001
X_3X_1	1	−0.245	0.208132	−1.18	0.2523

续表

变异来源	自由度	估值	标准误差	t 值	$P > \|t\|$
X_3X_2	1	-0.05625	0.104066	-0.54	0.5945
$X_3{}^2$	1	-12.5208	7.358562	-1.7	0.1036
X_4X_1	1	-0.0155	0.041626	-0.37	0.7134
X_4X_2	1	-0.0075	0.020813	-0.36	0.7222
X_4X_3	1	1.575	2.081316	0.76	0.4576
$X_4{}^2$	1	-2.99583	0.294342	-10.18	<0.0001

由 SPI/CPMCC 可食膜 *WVP* 的二次回归模型方差分析结果见表 4-13。

由表 4-13 可知，$F_{回} = 29.17 > F_{0.01}(14,20) = 3.07$，$P = 0.0001 < 0.01$，说明二次回归模型极显著；$F_{失} = 2.36 < F_{0.05}(10,11) = 2.86$，$P = 0.1031 > 0.05$，失拟项不显著；模型的决定系数 R^2 为 0.9511，响应值变化有 95.11% 来源于自变量，预测值与实测值之间具有高度的相关性。由此可知，二次回归模型在显著水平时不失拟，回归模型与实际情况拟合性好，可以用此模型来分析和预测 SPI/CPMCC 可食膜的 *WVP*。

表 4-13　SPI/CPMCC 可食膜 *WVP* 的二次回归模型方差分析

变异来源	自由度	平方和	均方	F 比值	P
X_1	5	0.169921	0.033984	16.34	<0.0001
X_2	5	0.155009	0.031002	14.9	<0.0001
X_3	5	0.15256	0.030512	14.67	<0.0001
X_4	5	0.407098	0.08142	39.14	<0.0001
一次项	4	0.487241	0.5249	58.55	<0.0001
二次项	4	0.397217	0.4279	47.73	<0.0001
交互项	6	0.00006575	0.0001	0.01	1
回归模型	14	0.884524	0.9529	$F_{回} = 30.37$	<0.0001
剩余项	21	0.043687	0.00208		
失拟项	10	0.018982	0.001898	$F_{失} = 0.85$	0.6008
误差	11	0.024705	0.002246		
Y_2 均值	0.542833				
标准误差	0.045611				

续表

变异来源	自由度	平方和	均方	F 比值	P
R^2	0.9529				
变异系数	8.4023				

注：$F_{0.05}(10,11)=2.86$，$F_{0.01}(14,21)=3.07$。

通过二次回归分析对试验数据进行回归拟合，确立 SPI/CPMCC 可食膜 *WVP* 的最优拟合二次多项式方程。由 SPI/CPMCC 可食膜的 *WVP* 回归方程系数结果见表 4-14。

由表 4-14 可知，以 SPI/CPMCC 可食膜 *WVP* 为(Y_1)值，以 CPMCC 添加量(X_1)、SPI 添加量(X_2)、NaAlg 添加量(X_3)和 Gly 添加量(X_4)的编码值为自变量的四元二次回归方程为：

$$Y_2=4.025833-0.153067X_1-0.042767X_2-2.436667X_3-0.408667X_4+0.002675{X_1}^2-0.0000125X_2X_1+0.000693{X_2}^2-0.00075X_3X_1+0.00125X_3X_2+2.0375{X_3}^2-0.00005X_4X_1+0.0002X_4X_2+0.02X_4X_3+0.209{X_4}^2$$。

表 4-14　SPI/CPMCC 可食膜 *WVP* 的二次回归模型系数及显著性分析

变异来源	自由度	估值	标准误差	t 值	$P>\|t\|$
常数	1	4.025833	0.564557	7.13	<0.0001
X_1	1	-0.153067	0.023553	-6.5	<0.0001
X_2	1	-0.042767	0.010178	-4.2	0.0004
X_3	1	-2.436667	1.061532	-2.3	0.0321
X_4	1	-0.408667	0.203552	-2.01	0.0577
${X_1}^2$	1	0.002675	0.000323	8.29	<0.0001
X_2X_1	1	-0.0000125	0.000228	-0.05	0.9568
${X_2}^2$	1	0.000693	0.000080629	8.59	<0.0001
X_3X_1	1	-0.00075	0.022805	-0.03	0.9741
X_3X_2	1	0.00125	0.011403	0.11	0.9137
${X_3}^2$	1	2.0375	0.806291	2.53	0.0196
X_4X_1	1	-0.00005	0.004561	-0.01	0.9914
X_4X_2	1	0.0002	0.002281	0.09	0.9309
X_4X_3	1	0.02	0.228054	0.09	0.9309
${X_4}^2$	1	0.209	0.032252	6.48	<0.0001

(3)工艺优化及验证。

SPI/CPMCC 可食膜 *TS* 的优化试验验证结果见表4－15。

由表4－15可知,回归模型存在稳定点,SPI/CPMCC 可食膜 *TS*(Y_1)的最大预测值为17.68MPa,此时四个因素水平分别为:CPMCC 添加量(X_1)为1.64%、SPI 添加量(X_2)为1.28%、NaAlg 添加量(X_3)为0.56%、Gly 添加量(X_4)为0.98%。

表4－15　SPI/CPMCC 可食膜 *TS* 的优化试验验证

因素	标准化	非标准化	Y_1
X_1	0.661298	1.647584	17.68011
X_2	−0.86242	1.275157	
X_3	0.784533	0.556907	
X_4	−0.52117	0.97883	

SPI/CPMCC 可食膜 *WVP* 的优化试验验证结果见表4－16。

由表4－16可知,回归模型存在稳定点,SPI/CPMCC 可食膜 *WVP*(Y_2)的最大预测值为 $0.2394 \times 10^{-12} g \cdot cm^{-1} \cdot s^{-1} \cdot Pa^{-1}$,此时四个因素水平分别为:CPMCC 添加量($X_1$)为1.29%、SPI 添加量($X_2$)为3.04%、NaAlg 添加量($X_3$)为0.59%、Gly 添加量($X_4$)为0.94%。

表4－16　SPI/CPMCC 可食膜 *WVP* 的优化试验验证

因素	标准化	非标准化	Y_2
X_1	−0.122683	1.29479251	0.262464
X_2	0.023539	3.0470787	
X_3	0.946492	0.589298	
X_4	−0.561662	0.938338	

2. SPI/CPEMC 成膜工艺的优化

(1)二次回归正交旋转组合试验设计和试验结果。

改性纤维素添加量(X_1)、SPI 添加量(X_2)、NaAlg 添加量(X_3)和 Gly 添加量(X_4)为试验因素,可食膜拉伸强度(Y_1)和水蒸汽透过系数(Y_2)作为指标进行分析,SPI/CPEMC 可食膜成膜工艺的 *TS* 和 *WVP* 优化试验设计及试验结果见表4－17。

表 4-17 SPI/CPEMC 可食膜成膜工艺优化试验设计及试验结果

处理	X_1	X_2	X_3	X_4	Y_1	Y_2
1	1	1	1	1	12.01	0.879
2	1	1	1	-1	14.45	0.686
3	1	1	-1	1	11.29	1.024
4	1	1	-1	-1	13.91	0.806
5	1	-1	1	1	16.02	0.882
6	1	-1	1	-1	18.36	0.658
7	1	-1	-1	1	15.16	1.027
8	1	-1	-1	-1	17.04	0.804
9	-1	1	1	1	10.13	0.821
10	-1	1	1	-1	12.97	0.615
11	-1	1	-1	1	9.34	0.955
12	-1	1	-1	-1	12.07	0.737
13	-1	-1	1	1	14.27	0.823
14	-1	-1	1	-1	16.68	0.601
15	-1	-1	-1	1	13.07	0.968
16	-1	-1	-1	-1	15.01	0.745
17	2	0	0	0	16.56	0.928
18	-2	0	0	0	13.56	0.804
19	0	2	0	0	9.46	1.097
20	0	-2	0	0	16.96	0.985
21	0	0	2	0	16.14	0.463
22	0	0	-2	0	13.85	0.854
23	0	0	0	2	9.72	1.134
24	0	0	0	-2	16.84	0.718
25	0	0	0	0	16.59	0.698
26	0	0	0	0	16.65	0.689
27	0	0	0	0	16.06	0.677
28	0	0	0	0	16.23	0.679
29	0	0	0	0	15.99	0.698
30	0	0	0	0	16.34	0.703
31	0	0	0	0	16.45	0.665

续表

处理	X_1	X_2	X_3	X_4	Y_1	Y_2
32	0	0	0	0	16.04	0.723
33	0	0	0	0	15.99	0.697
34	0	0	0	0	16.12	0.758
35	0	0	0	0	16.74	0.757
36	0	0	0	0	16.83	0.746

(2)方差分析及回归方程的建立。

SPI/CPEMC 可食膜 *TS* 的二次回归模型方差分析结果见表4－18。

由表4－18可知，$F_{回}=87.84>F_{0.01}(14,20)=3.07$，$P=0.0001<0.01$，说明二次回归模型极显著；$F_{失}=2.6<F_{0.05}(10,11)=2.86$，$P=0.1031>0.05$，失拟项不显著；模型的决定系数 R^2 为0.9832，响应值变化有98.32%来源于自变量，预测值与实测值之间具有高度的相关性。由此可知，二次回归模型在显著水平时不失拟，回归模型与实际情况拟合性好，可以用此模型来分析和预测 SPI/CPEMC 可食膜的 *TS*。

表4－18　SPI/CPEMC 可食膜 *TS* 的二次回归模型方差分析

变异来源	自由度	平方和	均方	*F* 比值	*P*
X_1	5	22.22609	4.445217	26.56	<0.0001
X_2	5	104.7401	20.94802	125.16	<0.0001
X_3	5	11.64044	2.328087	13.91	<0.0001
X_4	5	67.91452	13.5829	81.16	<0.0001
一次项	4	153.3289	0.7325	229.03	<0.0001
二次项	4	51.79007	0.2474	77.36	<0.0001
交互项	6	0.701075	0.0033	0.7	0.6541
回归模型	14	205.82	0.9832	$F_{回}=87.84$	<0.0001
剩余项	21	3.514675	0.167365		
失拟项	10	2.470183	0.247018	$F_{失}=2.6$	0.0662
误差	11	1.044492	0.094954		
Y_1 均值	14.74722				
标准误差	0.409103				

续表

变异来源	自由度	平方和	均方	F 比值	P
R^2	0.9832				
变异系数	2.7741				

注：$F_{0.05}(10,11)=2.86$，$F_{0.01}(14,21)=3.07$。

通过二次回归分析对试验数据进行回归拟合，确立SPI/CPEMC可食膜 TS 的最优拟合二次多项式方程。SPI/CPEMC可食膜 TS 回归方程系数结果见表4－19。

由表4－19可知，以SPI/CPEMC可食膜 TS 为（Y_1）值，以CPEMC添加量（X_1）、SPI添加量（X_2）、NaAlg添加量（X_3）和Gly添加量（X_4）的编码值为自变量的四元二次回归方程为：

$Y_1=-19.9525+1.095X_1+0.417333X_2+45.475X_3+7.653333X_4-0.01459X_1^2-0.0005X_2X_1-0.00827X_2^2-0.14X_3X_1-0.13125X_3X_2-38.1042X_3^2+0.016X_4X_1-0.02575X_4X_2-1.075X_4X_3-3.23917X_4^2$。

表4－19　SPI/CPEMC可食膜 TS 的二次回归模型系数及显著性分析

变异来源	自由度	估值	标准误差	t 值	$P>\|t\|$
常数	1	−19.9525	5.063772	−3.94	0.0007
X_1	1	1.095	0.21126	5.18	<0.0001
X_2	1	0.417333	0.091287	4.57	0.0002
X_3	1	45.475	9.52136	4.78	0.0001
X_4	1	7.653333	1.82575	4.19	0.0004
X_1^2	1	−0.01459	0.002893	−5.04	<0.0001
X_2X_1	1	−0.0005	0.002046	−0.24	0.8093
X_2^2	1	−0.00827	0.000723	−11.44	<0.0001
X_3X_1	1	−0.14	0.204552	−0.68	0.5012
X_3X_2	1	−0.13125	0.102276	−1.28	0.2134
X_3^2	1	−38.1042	7.231992	−5.27	<0.0001
X_4X_1	1	0.016	0.04091	0.39	0.6997
X_4X_2	1	−0.02575	0.020455	−1.26	0.2219
X_4X_3	1	−1.075	2.045516	−0.53	0.6047
X_4^2	1	−3.23917	0.28928	−11.2	<0.0001

SPI/CPEMC 可食膜 *WVP* 的二次回归模型方差分析结果见表 4 - 20。

由表 4 - 20 可知，$F_{回} = 28.99 > F_{0.01}(14,20) = 3.07$，$P = 0.0001 < 0.01$，说明二次回归模型极显著；$F_{失} = 2.7 < F_{0.05}(10,11) = 2.86$，$P = 0.1031 > 0.05$，失拟项不显著；模型的决定系数 R^2 为 0.9508，响应值变化有 95.08% 来源于自变量，预测值与实测值之间具有高度的相关性。由此可知，二次回归模型在显著水平时不失拟，回归模型与实际情况拟合性好，可以用此模型来分析和预测 SPI/CPEMC 可食膜的 *WVP*。

表 4 - 20　SPI/CPEMC 可食膜 *WVP* 的二次回归模型方差分析

变异来源	自由度	平方和	均方	*F* 比值	*P*
X_1	5	0.052039	0.010408	5.79	0.0016
X_2	5	0.176378	0.035276	19.64	<0.0001
X_3	5	0.163521	0.032704	18.21	<0.0001
X_4	5	0.33762	0.067524	37.6	<0.0001
一次项	4	0.446345	0.5822	62.13	<0.0001
二次项	4	0.282034	0.3679	39.26	<0.0001
交互项	6	0.000589	0.0008	0.05	0.9992
回归模型	14	0.728969	0.9508	$F_{回} = 28.99$	<0.0001
剩余项	21	0.037718	0.001796		
失拟项	10	0.026793	0.002679	$F_{失} = 2.7$	0.0594
误差	11	0.010925	0.000993		
Y_2 均值	0.791778				
标准误差	0.04238				
R^2	0.9508				
变异系数	5.3525				

注：$F_{0.05}(10,11) = 2.86$，$F_{0.01}(14,21) = 3.07$。

通过二次回归分析对试验数据进行回归拟合，确立 SPI/CPEMC 可食膜 *WVP* 的最优拟合二次多项式方程。SPI/CPEMC 可食膜 *WVP* 回归方程系数结果见表 4 - 21。

由表 4 - 21 可知，以 SPI/CPEMC 可食膜 *WVP* 为（Y_1）值，以 CPEMC 添加量（X_1）、SPI 添加量（X_2）、NaAlg 添加量（X_3）和 Gly 添加量（X_4）的编码值为自变量的四元二次回归方程为：

$Y_2 = 2.26775 - 0.065758X_1 - 0.044829X_2 + 0.974583X_3 - 0.27725X_4 + 0.001195X_1^2 + 0.00004125X_2X_1 + 0.000736X_2^2 - 0.001375X_3X_1 + 0.003687X_3X_2 - 2.198958X_3^2 - 0.000275X_4X_1 - 0.000713X_4X_2 - 0.04625X_4X_3 + 0.179542X_4^2$。

表 4-21　SPI/CPEMC 可食膜 *WVP* 的二次回归模型系数及显著性分析

变异来源	自由度	估值	标准误差	t 值	$P > \|t\|$
常数	1	2.26775	0.52457	4.32	0.0003
X_1	1	-0.065758	0.021885	-3	0.0067
X_2	1	-0.044829	0.009457	-4.74	0.0001
X_3	1	0.974583	0.986344	0.99	0.3344
X_4	1	-0.27725	0.189134	-1.47	0.1575
X_1^2	1	0.001195	0.0003	3.99	0.0007
X_2X_1	1	0.00004125	0.000212	0.19	0.8475
X_2^2	1	0.000736	0.000074918	9.83	<0.0001
X_3X_1	1	-0.001375	0.02119	-0.06	0.9489
X_3X_2	1	0.003687	0.010595	0.35	0.7313
X_3^2	1	-2.198958	0.749182	-2.94	0.0079
X_4X_1	1	-0.000275	0.004238	-0.06	0.9489
X_4X_2	1	-0.000713	0.002119	-0.34	0.74
X_4X_3	1	-0.04625	0.211901	-0.22	0.8293
X_4^2	1	0.179542	0.029967	5.99	<0.0001

(3)工艺优化及验证。

SPI/CPEMC 可食膜 *TS* 的优化试验验证结果见表 4-22。

由表 4-22 可知,回归模型存在稳定点,SPI/CPEMC 可食膜 $TS(Y_1)$ 的最大预测值为 18.62MPa,此时四个因素水平分别为:CPEMC 添加量(X_1)为 1.60%、SPI 添加量(X_2)为 1.86%、NaAlg 添加量(X_3)为 0.48%、Gly 添加量(X_4)为 1.11%。

表 4-22　SPI/CPEMC 可食膜 *TS* 的优化试验验证

因素	标准化	非标准化	Y_1
X_1	0.549351	1.597207	18.62335
X_2	-0.57113	1.857747	
X_3	0.418967	0.483793	
X_4	-0.38509	1.114914	

SPI/CPEMC 可食膜 *WVP* 的优化试验验证见表 4-23。

由表 4-23 可知，回归模型存在稳定点，SPI/CPEMC 可食膜 *WVP*（Y_2）的最大预测值为 $0.6999 \times 10^{-12} g \cdot cm^{-1} \cdot s^{-1} \cdot Pa^{-1}$，此时四个因素水平分别为：CPEMC 添加量（$X_1$）为 1.23%、SPI 添加量（$X_2$）为 2.95%、NaAlg 添加量（$X_3$）为 0.22%、Gly 添加量（$X_4$）为 0.88%。

表 4-23　SPI/CPEMC 可食膜 *WVP* 的优化试验验证

因素	标准化	非标准化	Y_2
X_1	-0.277236	1.2252438	0.699858
X_2	-0.02344	2.953119	
X_3	-0.857078	0.228584	
X_4	-0.619005	0.880995	

（五）小结

以大豆分离蛋白和胡萝卜渣改性纤维素为基材制备可食膜，通过研究得出以下结论：

（1）添加胡萝卜渣改性纤维素改善可食膜的拉伸强度、阻水性、阻氧性、阻二氧化碳性、T_c、T_g 和 T_m；添加大豆分离蛋白降低可食膜的拉伸强度、T_c、T_g 和 T_m，但提高了阻水性、阻氧性、阻二氧化碳性；添加海藻酸钠提高可食膜的拉伸强度、阻水性、阻氧性、阻二氧化碳性、T_c、T_g 和 T_m；添加甘油降低了可食膜的拉伸强度、阻水性、阻氧性、阻二氧化碳性、T_c、T_g 和 T_m，但断裂伸长率升高，可食膜的可塑性增强；

同时，四种材料的添加均使透光率降低。从膜的表面形态显微图片中可以看出：胡萝卜渣改性纤维素为 1.35%，SPI 膜液为 2%，NaAlg 为 0.6%，Gly 为 1.5% 时，各种材料能均匀地分散在可食膜中，没有发生团聚，其形成的复合膜比较均匀细腻，组织紧密，是胡萝卜渣改性纤维素与 SPI 复合的较理想状态；过多地添加胡萝卜渣改性纤维素和 SPI，不能起到增强复合膜性能的作用，反而成为应力集中物。

(2)通过 SEM、X - ray 和 FT - IR 技术手段分析可食膜的结构。SEM 分析结果可知,当改性纤维素添加量为 1.35% 时,可食膜的表面平整,改性纤维素和 SPI 分布均匀;当改性纤维素添加量为 2.25% 时,可食膜的表面凹凸不平,可见改性纤维素和 SPI 颗粒析出;改性纤维素添加量为 1.35% 时,可食膜截面,结构均匀致密,无被拉断的纤维素和拔脱留下的孔洞;而改性纤维素添加量为 2.25% 时,可食膜截面有许多孔隙以及被拔脱的纤维素,纤维素外露,出现相的分离。说明改性纤维素添加量为 1.35% 时,共混体系相容性好,无相的分离,可食膜结构均匀致密,通过膜的阻力增加,机械强度提高,而改性纤维素添加量过大,与 SPI 结合薄弱,共混体系相容性差,致密结构被破坏,其性能明显降低。

X - ray 分析结果可知,随着改性纤维素添加量的增加,X - ray 图谱的特征衍射峰强度增加;未添加改性纤维素和改性纤维素添加量为 1.35% 的可食膜有一个特征衍射峰,并且衍射峰衍射强度随添加量的增加而增强,说明添加改性纤维素可提高可食膜的结晶行为;

FT - IR 分析结果可知,SPI/CPMCC 可食膜和 SPI/CPEMC 可食膜只在 $2110cm^{-1}$ 和 $2105cm^{-1}$ 出现吸收峰,在 $3500 \sim 3300cm^{-1}$ 和 $1700 \sim 800cm^{-1}$ 未出现吸收峰,说明没有纤维素和 SPI 的特征官能团出现。很可能由于在 SPI 中加入纤维素后,可食膜形成一个相容体系。SPI 上氨基和酰胺基与纤维素的羟基发生反应,以氢键相结合改变自身的结构,并形成新的、结构致密的共混物。

(3)以单因素试验为基础,对影响可食膜性能的主要影响因素进行二次回归正交旋转组合试验设计,试验因素为改性纤维素添加量——胡萝卜渣微晶纤维素(CPMCC)和胡萝卜渣生物酶改性纤维素(CPEMC)、SPI 添加量、NaAlg 添加量和 Gly 添加量,可食膜拉伸强度和水蒸气透过系数作为指标进行分析。由响应面回归模型得出四个最佳工艺参数:SPI/CPMCC 可食膜 *TS* 的最大预测值为 17.68MPa,此时四个因素水平分别为:CPMCC 添加量为 1.64%、SPI 添加量为 1.28%、NaAlg 添加量为 0.56%、Gly 添加量(X_4)为 0.98%;SPI/CPMCC 可食膜 *WVP* 的最大预测值为 $0.2394 \times 10^{-12} g \cdot cm^{-1} \cdot s^{-1} \cdot Pa^{-1}$,此时四个因素水平分别为:CPMCC 添加量为 1.29%、SPI 添加量为 3.30%、NaAlg 添加量为 0.74%、Gly 添加量为 2.11%;SPI/CPEMC 可食膜 *TS* 的最大预测值为 18.62MPa,此时四个因素水平分别为:CPEMC 添加量为 1.60%、SPI 添加量为 1.86%、NaAlg 添加量为0.48%、Gly 添加量为 1.11%;SPI/CPEMC 可食膜 *WVP* 的最大预测值为 $0.6999 \times 10^{-12} g \cdot cm^{-1} \cdot s^{-1} \cdot Pa^{-1}$,此时四个因素水平分别为:CPEMC 添加量为 1.23%、SPI 添加量为 2.95%、NaAlg 添加量为 0.22%、Gly 添加量为 0.88%。

第五章　可食复合膜保鲜的研究

可食膜是在食品上覆盖的或置于食品组分之间的一层由可食性材料形成的薄膜。它的目的在于防止湿气、氧（O_2）、二氧化碳（CO_2）、芳香成分和脂质等物质的迁移，还可以作为特殊功能成分（例如抗氧化剂、防腐剂、抗菌剂等食品添加剂）的载体，同时美化食品的外观，保证了食品质量，延长了货架期。由于原材料（蛋白类、多糖类和脂肪类等）具有不同的功能，可以根据各种食品的性质特点开发各具特色的膜，从而达到食品贮藏保鲜目的，如水果、坚果、蔬菜、肉类保鲜等。

第一节　脂肪类涂膜保鲜的研究

1930年，美国最先使用果蜡作为果蔬保鲜涂剂。它是一种含蜡的水溶性乳液，喷涂在果实的表面，待干燥以后，固形物留在果皮表面形成薄膜，薄膜中有许多微孔，这些微孔弯弯曲曲，三维相通。因此，能抑制果实的新陈代谢等生理生化过程，减少表面水分蒸发和呼吸作用，推迟生理衰老。经过打蜡的水果，色泽鲜艳，外表光洁美观，商品价值高，货架期长，且包装入库简单。Saucedo－Pompa等将蜡中加入不同浓度花酸应用鳄梨的涂膜保鲜中，观测在42天内，未涂蜡、涂蜡、涂蜡/花酸鳄梨的外观、可溶性固性物、pH、颜色和失重率的改变情况，以及涂膜处理对抗炭疽病的影响。结果表明，涂膜使鳄梨受炭疽病损害、外观变化和失重率大大的减小，花酸的添加有效提高鳄梨的品质和货架期。Mannheim和Soffer研究7种石蜡对柑橘涂膜保鲜的影响，并分析柑橘外观、失重率、气体组成、乙醇和乙醛含量和风味的变化情况。氧气透过率低的石蜡种类使柑橘产生过多的乙醇和乙醛，引起风味改变，并且证明了柑橘的失重率与不同种类石蜡的水蒸气透过系数相关，但柑橘的气体浓度与其氧气和二氧化碳透过率无关。

第二节 蛋白类涂膜保鲜的研究

蛋白膜均匀透明，阻气性好，可以有效控制氧、二氧化碳透过，抑制呼吸强度，广泛应用在易发生氧化的食品中。Yoshida 和 Antunes 用乳清蛋白膜对鲜切苹果进行保鲜，分析了引起苹果发生褐变的多酚氧化酶的变化情况，证明了乳清蛋白膜对苹果具有阻气性能，改善了苹果的氧化褐变。刘尚军等以大豆分离蛋白为主要原料对圣女果和草莓进行涂膜保鲜实验，在常温下测定果蔬失重率、烂果率、总糖、总酸、维生素 C 含量、呼吸强度及货架期变化。结果表明，涂膜保鲜的效果良好，可食膜显著抑制果蔬营养物质的消耗，降低失水、烂果率，抑制其呼吸强度；涂膜草莓的货架期在25℃左右可以增加1 倍达到6d；圣女果的货架期在相同条件下可以达到 10d。Cho 等玉米醇溶蛋白（CZ）和大豆分离蛋白（SPI）复合成膜，热封后用于方便面橄榄油调味包，在不同贮藏环境中评价 CZ/SPI 可食膜的机械、阻隔和物理性能以及橄榄油抗氧化性能。CZ 添加使 SPI 的拉伸强度和阻水性能增加，但断裂伸长率和阻氧性减小。然而，氧气透过率（0.81×10^{-18} $cm^3 \cdot m \cdot m^{-2} \cdot s^{-1} \cdot Pa^{-1}$）仍低于广泛用于调味包的低密度尼龙聚乙烯膜（$3.51 \times 10^{-18} cm^3 \cdot m \cdot m^{-2} \cdot s^{-1} \cdot Pa^{-1}$），而 CZ/SPI 可食膜热封温度和强度分别为 120～130℃、300N/m。

第三节 多糖类涂膜保鲜的研究

纤维素膜强度大，可以降低食品运输损伤；具有的阻湿性，使其能防止食品水分的过快流失。Villalobos - Carvajal 等利用羟丙基甲基纤维素（HPMC）混合 SPAN60、蔗糖酯表面活性剂对胡萝卜涂膜保鲜，研究 H/S 比值和 HLB 值对涂膜保鲜性能的影响。结果表明，H/S 比值和 HLB 的值显著影响膜液黏度、表面张力、稳定性，同时引起膜的延展性和结构特性发生改变；H/S 比值为中间值时，阻湿性最好。Valencia - Chamorro 等对冷藏的柑橘进行保鲜，采用疏水材料蜂蜡和虫胶与羟丙基甲基纤维素混合液涂膜，筛选山梨酸钾（PS）、苯甲酸钠（SB）、丙酸钠（SP）和它们的混合防腐剂，评价柑橘的抗腐和抗真菌性能，对比在冷藏和常温时接种青霉菌柑橘涂膜保鲜的变化情况。混合涂膜对抗菌性提高，PS/SP 的防腐效果最明显。涂膜在控制蓝霉菌比绿霉菌效果好；在冷藏和常温时，涂膜柑橘的各项指标优于未涂膜。壳聚糖是一种天然的抑菌剂，在涂膜中使用可以有效抑制菌类在食品中滋生。Dang 等用对壳聚糖改性制备壳聚糖醋酸乙烯酯(CA)。用水溶解时,CA 是稳定的、黄色粉末物质,和壳聚糖具有相同的化学结构和抗菌性能,用 CA 对甜樱桃进行涂膜保鲜。结果表明,涂膜有效延缓了甜樱桃的水分、总酸和抗坏血酸的流失,并且引起 POD 和 CAT 的迅速升高。试验说明 CA 有效保持甜樱桃的品质和延长货架期,其在新鲜水果保鲜中具有开发前景。Simoes 等研究壳聚糖在胡萝卜保鲜中应用,鲜胡萝卜在两种气体环境下 4℃贮藏 12 天,分析涂膜和不涂膜的鲜胡萝卜的呼吸强度、抗菌性、品质(维生素 C、类胡萝卜素)。涂膜保鲜使胡萝卜白度降低和品质升高,细菌生量减小。尽管膜的低透水性,但维生素 C、类胡萝卜素和呼吸强度仍不断增加。在氧和二氧化碳中水平下,胡萝卜总酚含量增加;在氧和二氧化碳低水平下,总酚含量不变。王昕等研究了在常温下可食涂膜及钙处理对番茄果实保鲜效果的影响及方法。可食膜是以玉米淀粉为基质,添加棕榈酸、甘油、单甘酯等配制而成的,番茄果实品质以硬度来评价。研究表明,玉米淀粉复合膜有效地提高了番茄果实货架期,而经过番茄果实涂膜前使用氯化钙溶液浸泡后,其硬度降低幅度延缓。

第四节　复合涂膜保鲜的研究

单一可食膜都有一定的缺点,如果单独使用一种材料作为成膜物质,可食膜缺点就会暴露出来,不仅不能起到保鲜食品的作用,反而被微生物所利用,成为它们的培养基,引起大量腐烂、变质。与其他疏水性物质配制成复合膜,这种情况则会得到改善。复合膜是由多糖、脂肪、蛋白质三种物质经过一定的处理而形成的膜。由于三者性质不同和功能上的互补性,所形成膜具有更为理想的性能。Qin 利用纳米纤维(CNF)与纳米二氧化硅(NS)的协同增强作用,通过交联大豆分离蛋白(SPI)基体制备了一种生物基纳米复合膜。研究表明纳米复合膜的表面修饰通过共价键和氢键作用与 SPI 基体具有良好的结合力,拉伸强度提高了 6.65Mpa,比原 SPI 膜提高了 90.54%,水蒸气透过率显著降低,水接触角(91.75°)更高。Albert 和 Mittal 研究 11 种亲水材料成膜性能,包括明胶、结冷胶、卡拉胶—角叉胶—魔芋、刺槐豆胶、甲基纤维素(MC)、微晶纤维素、果胶、酪蛋白、大豆分离蛋白(SPI)、小麦面筋蛋白、乳清分离蛋白(WPI),并将其应用在油炸食品中,分析食品水分和脂肪的变化情况。因为混合胶、明胶、小麦面筋蛋白和酪蛋白的热稳定性差,使其单一涂膜不适合油炸食品的涂膜保鲜。在油炸过程中,SPI、WPI 和 MC 单一涂膜对食品阻止脂肪流失效果最明显。多层膜和单层复合膜对食品的保鲜作用明显,多层膜更厚,而复合膜(SPI/MC 和 SPI/WPI)阻止脂肪和水分的流失量最多,减小脂肪流失了99.8%。罗爱平等利用可食性胶原蛋白和壳聚糖与乳酸链球菌素(Nisin)等制成的天然复合保鲜膜对低温肉制品进行浸渍、杀菌、真空包装等处理后,分别置于微温、常温、冷藏3种不同温度条件下贮藏,测定不同贮藏期菌落总数和TVB-N等指标及感官评定。结果表明,Ⅰ组(2%胶原蛋白+0.05% Nisin+0.03% Ve+0.25%茶多酚)和Ⅱ组(2%胶原蛋白+2%壳聚糖+1%醋酸+0.05% Vc+0.03%烟酰胺)的复合保鲜膜处理,其保质期均优于对照组。在微温条件下,Ⅰ、Ⅱ组的保质期分别达30、40d,比对照分别延长10、20d;常温下Ⅰ、Ⅱ组的保质期分别达120、150d,分别比对照延长60、90d;经冷藏的Ⅰ、Ⅱ组保质期均为240d,比对照组延长90d。综合评价以Ⅱ组略好。李桂峰等以鲜切红地球葡萄粒为试材,分别用壳聚糖、海藻酸钠和羧甲基纤维素可食性膜处理,测定了冷藏期间主要生理生化指标和品质变化。结果表明,用可食涂膜处理能够抑制鲜葡萄粒的呼吸代谢,延缓可溶性固形物和可滴定酸的降解,保持硬度,减少褐变,降低腐烂。其中壳聚糖可食性膜处理组保鲜效果比其他处理更为显著,贮藏75d,商品率达到88.1%,较对照提高25.1%。

第五节 果蔬涂膜保鲜的研究

一、果蔬涂膜保鲜研究现状

涂膜保鲜是使用比较早的常温保鲜方法,12世纪时已发现在橘子和柠檬表面涂蜡能有效地延长贮藏期,到20世纪30年代,以热熔石蜡对苹果和梨进行涂膜保藏已被应用于市场。Hu等研究季铵化壳聚糖(HTCC)与羧甲基纤维素(CMC)食品保鲜涂料。研究了共混膜的物理性能和抗菌活性以及对香蕉保鲜效果的影响。结果表明,共混膜中的HTCC和CMC通过氢键相互作用部分混溶。CMC提高了薄膜的拉伸强度、热稳定性、耐水性和透氧性,降低了对革兰氏阳性(金黄色葡萄球菌)和革兰氏阴性(大肠杆菌)细菌的抗菌活性。HTCC/CMC涂膜香蕉的货架期比未涂膜长。Chiabrando等探讨不同涂膜处理对鲜切油桃贮藏品质的影响。结果表明,不同涂膜处理油桃硬度均保持不变。随着贮藏时间的延长,不同涂膜处理油桃颜色参数 L^* 呈下降,代谢活性减小,微生物生长受到抑制,对果实品质(鲜度和可溶性固形物含量)无显著影响。Jafari等研究了可溶性大豆多糖、黄原胶、氯化钙和抗坏血酸对4℃下对鲜切苹果理化品质的影响。结果表明,可溶性大豆多糖增加,延缓了鲜切苹果有机酸含量;在贮藏第12天时,添加0.5%黄原胶鲜切苹果维生素C含量最高,0.3%黄原胶处理和对照组的总酚含量最低。各处理的失重率和总抗氧化活性差异不显著。因此,可溶性大豆多糖和黄原胶可作为改善鲜切苹果品质的食用涂料。

二、果蔬涂膜在苦瓜保鲜中的应用

苦瓜(*Momordica charantia L.*),又称凉瓜,属葫芦科苦瓜属(*Momordica*),富含维生素、蛋白质、膳食纤维、矿物质。采收后,在常温下2~3d苦瓜果实发生黄化,种皮转红,失去食用价值,严重限制了苦瓜的运输和销售。因此,研究苦瓜的保鲜措施,延长苦瓜的贮藏期,对于苦瓜的生产运输与市场的调剂具有重要的实际意义。

近年来,研究人员开展了采后苦瓜的呼吸作用和乙烯代谢等生理作用,以及品质和卫生安全等贮藏和保鲜过程中相关研究。Myojin等研究了烫漂和冷冻对苦瓜自由基清除活性(RSA)、总酚和抗坏血酸保留率的影响。苦瓜热烫处理会导致RSA、抗坏血酸和总酚类物质的大量损失,其中抗坏血酸的损失最为严重。在随后的-18℃冷冻过程中,烫漂苦瓜RSA和总酚变化不大,90d后逐渐下降;而在-40℃下,贮藏期间几乎没有变化。与此相反,未经平衡和烫后的苦瓜在-18℃冷冻初期抗坏血酸含量均急剧下降。因此,苦瓜热烫可提高苦瓜贮藏过程中RSA和总酚的保留率,但显著加重了抗坏血酸的损失。在-40℃下冷冻保存,而无须事先烫漂。董华强等将新采收苦瓜分别经38℃处理10min、42℃处理5min和50℃处理1min后,以塑料薄膜包装在4℃下贮藏16d。结果表明:42℃热处理后苦瓜感官品质改善,减小冷害现象发生,细胞膜透性最低,CAT活性下降显著减缓,POD活性明显受抑;50℃热浸苦瓜冷害发生明显,感官品质迅速下降,细胞膜透性显著提高,过氧化氢酶活性的下降速度和过氧化物酶活性的上升速度均明显提高;38℃热浸苦瓜的感官品质、冷害及其他生理生化指标变化介于上述两处理之间。Han等在20℃和85%~90%相对湿度贮藏,研究不同浓度1-MCP对未成熟苦瓜对采后品质和生理特性的影响。从苦瓜感官评价可知,确定1-MCP有效浓度为5.0μL/L。施用1-MCP抑制了苦瓜乙烯的产生,从而改善了苦瓜果实的品质。此外,在苦瓜贮藏初期,1-MCP抑制超氧化物歧化酶(SOD)、过氧化氢酶(CAT)和过氧化物酶(POD)等酶活性。因此,1-MCP喷施方法可以有效地保持苦瓜的品质。Mohammed等研究苦瓜果实分别在5~7℃、

20～22℃和28～30℃下，分别用低密度聚乙烯（LDPE）薄膜包裹贮藏21d。在5～7℃条件下贮藏保鲜膜可使保鲜期延长两周以上，延缓冷害症状的出现。此外，在5～7℃下贮藏的薄膜包装水果在21d后仍然可以销售，具有最低的鲜重损失，更少的软化和腐烂，维生素C含量和pH值的变化最小。Wang等研究苦瓜鲜切和贮藏温度对苦瓜品质的影响，将苦瓜全瓜和切好的苦瓜放入聚乙烯袋中，在2℃或10℃下贮藏。结果表明：切瓜促进了微生物的生长，减少了叶绿素（Chl）、淀粉和抗坏血酸损失，延缓还原糖含量减小、乙烯释放和呼吸速率升高。与10℃贮藏相比，2℃贮藏可显著降低鲜切苦瓜中叶绿素、淀粉、可溶性蛋白和Vc的含量，在2℃贮藏7d内，鲜切苦瓜和完整苦瓜均无明显冷害迹象。

（一）涂膜方法试验设计

本试验采用苦瓜品种为青皮苦瓜。

1.苦瓜涂膜保鲜的工艺流程

苦瓜涂膜的工艺流程见图5－1。

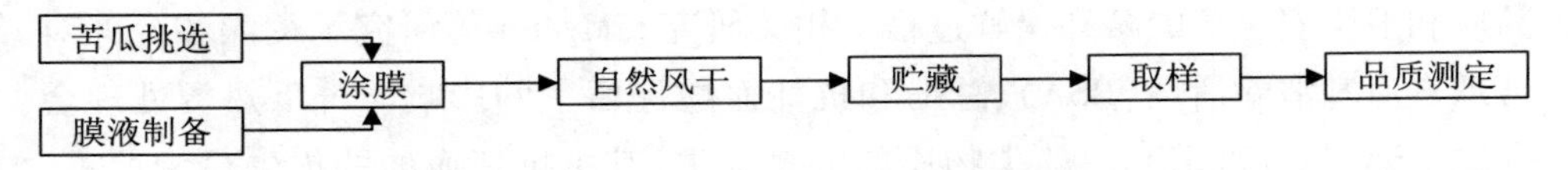

图5－1　苦瓜涂膜的工艺流程

苦瓜涂膜工艺如下：

（1）苦瓜挑选：每个苦瓜大小为0.2kg左右，果实七八成熟，果体饱满，果色鲜绿，无病虫害，无机械伤。

（2）膜液制备：膜液质量含量为8%，膜液制备方法见第四章第四节。

（3）涂膜：用细的毛刷将膜液均匀地涂在苦瓜表面。因为苦瓜表面凹凸不平，必须保证每一处都涂上膜液。

（4）干燥：涂膜的苦瓜置于托盘上，放入恒温恒湿箱内。恒温恒湿箱的温度为15℃，湿度为50%。

（5）取样：每隔3天从每个处理中随机取出3个苦瓜，从每个苦瓜的头部、腰部、尾部分别切取一块果肉，然后切成碎块混匀，称取所需重量，设三个重复。根据不同测定指标，称取所需样品的重量。

2.试验设计

不同苦瓜涂膜处理的配方见表5－1。

表 5-1　苦瓜涂膜的配方

处理	改性纤维素(%)		SPI(%)	NaAlg(%)	Gly(%)
	化学改性纤维素(CPMCC)	生物酶改性纤维素(CPEMC)			
BG_0	—	—	—	—	—
BG_1	1.29	—	3.04	0.59	0.94
BG_2	1.64	—	1.28	0.56	0.98
BG_3	—	1.23	2.95	0.22	0.88
BG_4	—	1.60	1.86	0.48	1.11

3. 苦瓜品质的测定方法

苦瓜的品质采用以下方法进行测定:失重率,按照章泳测定;呼吸强度:采用碱液吸收法测定;维生素 C:按照 GB 5009.86—2016;可溶性糖:按照 GB/T 6194—1986;蛋白质:按照 GB/T 8856—1988;有机酸:GB 5009.157—2016。

(二)涂膜保鲜效果

1. 失重率和呼吸强度

不同涂膜处理对苦瓜失重率和呼吸强度影响的试验结果见图 5-2 和图 5-3。

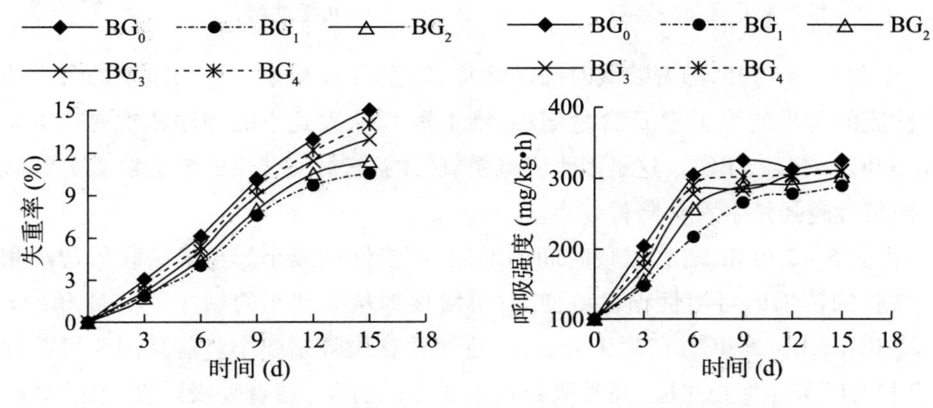

图 5-2　不同涂膜处理对苦瓜失重率的影响

图 5-3　不同涂膜处理对苦瓜呼吸强度的影响

由图 5-2 和图 5-3 可知,随着贮藏时间的增加,失重率和呼吸强度增加。与未涂膜的苦瓜相比,涂膜苦瓜的失重率和呼吸强度减小;失重率和呼吸强度从大到小的顺序依次是 $BG_0 > BG_4 > BG_3 > BG_2 > BG_1$。这是因为苦瓜在贮藏过程中机体的呼吸作用和蒸发作用，使自身水分流失。由于失水，机体内组织细胞膨压下降甚至失去膨压，原有的饱满状态消失，呈现萎蔫、疲软的形态，且光泽消失，苦瓜的比表面积大，所以失水现象明显。苦瓜涂膜后其表面形成保护层，能有效调节气体透过率和透湿率，使呼吸强度处于最佳范围，抑制了蒸发作用。并且膜的阻水性越好，苦瓜的失得率和呼吸强度变化越小。

2. 维生素 C 和可溶性糖

不同涂膜处理对维生素 C 和可溶性糖的影响试验结果见图 5－4 和图 5－5。

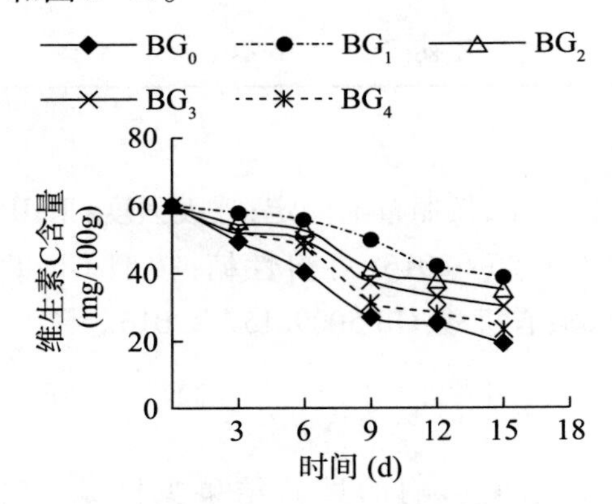

图 5－4　不同涂膜处理对苦瓜维生素 C 含量的影响

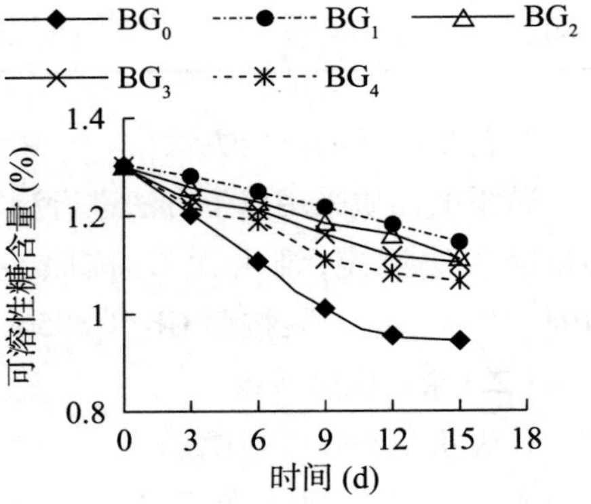

图 5－5　不同涂膜处理对苦瓜可溶性糖含量的影响

由图 5－4 可知，随着贮藏时间的增加，维生素 C 减小。与未涂膜的苦瓜相比，涂膜的苦瓜的维生素 C 含量增加；维生素 C 从大到小的顺序依次是 $BG_1 > BG_2 > BG_3 > BG_4 > BG_0$。这是因为膜减缓氧气的透过，使苦瓜的维生素 C 分解减小，阻氧性越强维生素 C 降幅越小。

由图 5－5 可知，随着贮藏时间的增加，可溶性糖减小。与未涂膜的苦瓜相比，涂膜的苦瓜的可溶性糖含量增加；可溶性糖从大到小的顺序依次是 $BG_1 > BG_2 > BG_3 > BG_4 > BG_0$；在第 9 天后，可溶性糖含量降幅变小。这是因为可溶性糖含量与呼吸强度相对应，高呼吸强度促进多糖分解，随着呼吸强度变化趋缓，可溶性糖含量变化也趋缓。

3. 蛋白质和有机酸

不同涂膜处理对蛋白质和有机酸影响的试验结果见图 5－6 和图 5－7。

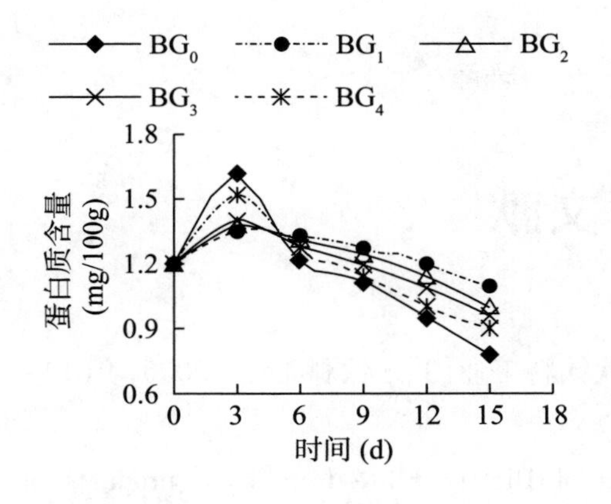

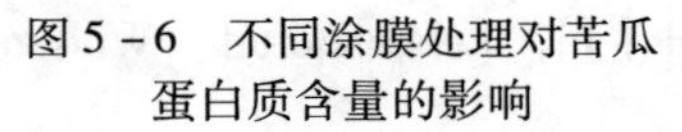
图 5－6　不同涂膜处理对苦瓜蛋白质含量的影响

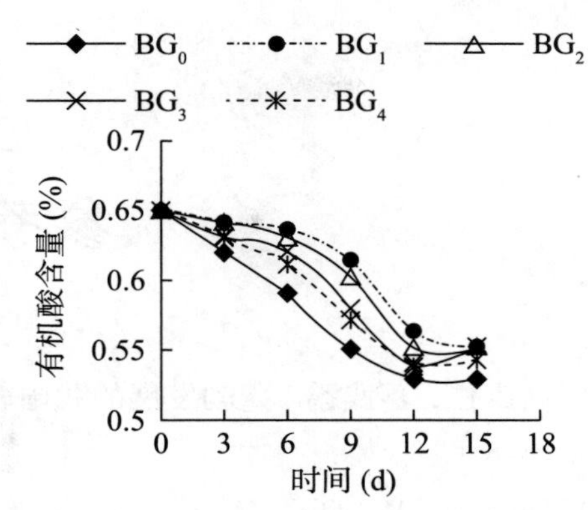

图 5－7　不同涂膜处理对苦瓜有机酸含量的影响

由图 5－6 可知，随着贮藏时间的增加，可溶性蛋白先增加后减小。与未涂膜的苦瓜相比，涂膜的苦瓜的可溶性糖含量增加，这是因为涂膜抑制苦瓜的生理代谢，蛋白质降解减缓；在第 3 天时，蛋白质含量达到最大值，这是因为在贮藏初期有新的蛋白质合成，可能是分解酶的合成；在第 6 天后，涂膜的苦瓜的可溶性蛋白增加；可溶性蛋白从大到小的顺序依次是 $BG_1 > BG_2 > BG_3 > BG_4 > BG_0$，这是因为在果实衰老过程中，蛋白质合成减缓，而降解加快，因而最终表现为蛋白质含量逐渐下降。

由图 5－7 可知，随着贮藏时间的增加，有机酸含量减小。与未涂膜的苦瓜相比，涂膜的苦瓜的有机酸含量增加了；有机酸含量从大到小的顺序依次是 $BG_1 > BG_2 > BG_3 > BG_4 > BG_0$。

(三)小结

采用四个最佳工艺配方制备膜液，对苦瓜进行涂膜，通过研究得出以下结论：

(1)与未涂膜的苦瓜相比，涂膜保鲜使苦瓜的失重率和呼吸强度增幅以及维生素 C、可溶性糖、蛋白质和有机酸降幅减小。因为可食膜在苦瓜表面形成一层保护层，能够明显抑制果蔬营养物质的消耗，降低失水、烂果率，抑制其呼吸作用和生理代谢；

(2)四个配方对苦瓜涂膜保鲜效果由大到小的顺序依次是 $BG_1 > BG_2 > BG_3 > BG_4$。分析结果显示，$BG_1$ 阻水性能和阻气性能好，对苦瓜保鲜效果最明显。

参考文献

[1]高广仁，葛武鹏. 蓬勃发展的我国软饮料工业[J]. 饮料工业，2006，9(1)：1－5.

[2]Nuria G M, Olga M B. Comparison of Dietary Fibre from By－products of Processing Fruits and Greens and from Cereals[J]. Lebensmittel－Wissenschaft und－Technologie, 1999, 32(8)：503－508.

[3]Kumar D, Jain V K, Shanker G, et al. Utilisation of fruits waste for citric acid production by solid state fermentation[J]. Process Biochemistry, 2003, 38(12)：1725－1729.

[4]Laufenberg G, Kunz B, Nystroem M. Transformation of vegetable waste into value added productsthe upgrading concept practical implementations[J]. Bioresource Technology, 2003(87)：167－198.

[5]蔡同一，陈芳. 果蔬原料的综合利用现状及展望[J]. 饮料工业，2002，5(S1)：19－22.

[6]徐抗震，宋纪蓉，黄洁，等. 苹果渣混合菌发酵生产饲料蛋白的研究[J]. 饲料工业，2003，24(7)：35－37.

[7]马艳萍，马惠玲，徐娟. 苹果渣研究新进展[J]. 西北林学院学报，2006，21(5)：160－164.

[8]Joshi V K, Parmar M, Rana N S. Pectin esterase production from apple pomace in solid－state and submerged fermentations[J]. Food Technology and Biotechnology, 2006, 44(2)：253－256.

[9]Kumar A, Chauhan G S. Extraction and characterization of pectin from apple pomace and its evaluation as lipase (steapsin) inhibitor[J]. Carbohydrate Polymers, 2010, 82(2)：454－459.

[10]Diñeiro G Y, Valles B S, Picinelli L A. Phenolic and antioxidant composition of by－products from the cider industry：Apple pomace[J]. Food Chemistry, 2009, 117(4)：731－738.

[11]Gullón B, Yáñez R, Alonso J, et al. L – Lactic acid production from apple pomace by sequential hydrolysis and fermentation[J]. Bioresource Technology, 2008, 99(2): 308 – 319.

[12]Katsaros G I, Katapodis P, Taoukis P S. Modeling the effect of temperature and high hydrostatic pressure on the proteolytic activity of kiwi fruit juice[J]. Journal of Food Engineering, 2009, 94(1): 40 – 45.

[13]马建岗，杨水云，林淑萍，等. 猕猴桃籽有机成分的初步研究[J]. 西北植物学报，2003，23（12）：2172 – 2175.

[14]杨柏崇，李元瑞. 猕猴桃籽油的超临界二氧化碳萃取研究[J]. 食品科学，2003，24(7)：104 – 108.

[15]Hang Y D, Luh B S, Woodams E E. Microbial Production of Citric Acid by Solid State Fermentation of Kiwifruit Peel[J]. Journal of Food Science, 1987, 52(1): 226 – 227.

[16]赵新节. 葡萄皮渣的综合利用〈综述〉[J]. 葡萄栽培与酿酒，1991(3)：50 – 53.

[17]Saura – Calixto F, Goñi I, Mañas E, et al. Klason lignin, condensed tannins and resistant protein as dietary fibre constituents: Determination in grape pomaces[J]. Food Chemistry, 1991, 39(3): 299 – 309.

[18]陆正清，王艳. 葡萄皮渣的综合利用[J]. 江苏食品与发酵，2008，134(3)，21 – 23.

[19]聂理. 葡萄皮渣的利用[J]. 林业科技开发，1994(1)：43 – 44.

[20]Ruberto G, Renda A, Daquino C, et al. Polyphenol constituents and antioxidant activity of grape pomace extracts from five Sicilian red grape cultivars[J]. Food Chemistry, 2007, 100(1): 203 – 210.

[21]刘达玉，钟世荣. 番茄皮渣组成与利用价值研究[J]. 四川轻化工学院学报，2000，13(1)：28 – 30.

[22]Kaur D, Wani A, Oberoi D P S, et al. Effect of extraction conditions on lycopene extractions from tomato processing waste skin using response surface methodology[J]. Food Chemistry, 2008, 108(2): 711 – 718.

[23]严怡红. 胡萝卜食品的加工开发[J]. 中国食物与营养，2004(12)：43 – 44.

[24]刘李峰. 我国胡萝卜产业发展现状分析[J]. 上海蔬菜，2006(4)：4 – 6.

[25]王淑芝，陈琛爱，王秋萍，等. 简介胡萝卜的营养药用价值[J]. 黑龙江医学，2002，26(9)：705－705.

[26]郑瑶瑶，夏延斌. 胡萝卜营养保健功能及其开发前景[J]. 包装与食品机械，2006，24(5)：35－37.

[27]严怡红. 胡萝卜营养价值与功能食品加工[J]. 食品研究与开发，2003，24(6)：120－122.

[28] Albrecht M，Takaichi S，Steiger S，et al. Novel hydroxycarotenoids with improved antioxidative properties produced by gene combination in *Escherichia coli*[J]. Nat Biotech，2000，18(8)：843－846.

[29]赵文恩，韩雅珊，乔旭光. 类胡萝卜素清除活性氧自由基的机理[J]. 化学通报，1999(4)：25－27.

[30]Terao J. Antioxidant activity of β－carotene－related carotenoids in solution [J]. Lipids，1989，24(7)：659－661.

[31]邵梦欣，陈洪潮，于建忠，等. 从胡萝卜中连续提取胡萝卜素、果胶、食用纤维的工艺研究[J]. 食品与发酵工业，1996(1)：41－43，45.

[32]Liang C L，Hu X S，Ni Y Y，et al. Effect of hydrocolloids on pulp sediment，white sediment，turbidity and viscosity of reconstituted carrot juice[J]. Food Hydrocolloids，2006，20(8)：1190－1197.

[33] Patras A，Brunton N，Da P S，et al. Effect of thermal and high pressure processing on antioxidant activity and instrumental colour of tomato and carrot purées[J]. Innovative Food Science & Emerging Technologies，2009，10(1)：16－22.

[34]周文革，梁颂华. 胡萝卜的综合加工工艺及生产应用[J]. 配料，2002，9(7)：48.

[35] Marx M，Schieber A，Carle R. Quantitative determination of carotene stereoisomers in carrot juices and vitamin supplemented (ATBC) drinks[J]. Food Chemistry，2000，70(3)：403－408.

[36] Hussein A，Odumeru J A，Ayanbadejo T，et al. Effects of processing and packaging on vitamin C and [beta]－carotene content of ready－to－use (RTU) vegetables [J]. Food Research International，2000，33(2)：131－136.

[37]Türker N，Erdogdu F. Effects of pH and temperature of extraction medium on

effective diffusion coefficient of anthocynanin pigments of black carrot (*Daucus carota var. L.*)[J]. Journal of Food Engineering, 2006, 76(4): 579-583.

[38]白东清, 闫珊珊, 吴旋, 等. β-胡萝卜素对红白锦鲤生长、体色及代谢的初步研究[J]. 天津农学院学报, 2010, 17(1): 1-5.

[39]程浩. 巧调鸡饲料鸡味似土鸡[J]. 养禽与禽病防治, 2009(11):34.

[40]金龙飞, 柳凌艳. 从胡萝卜中提取β-胡萝卜素的研究[J]. 西南民族大学学报(自然科学版), 2002, 28(4): 496-497.

[41]俞中, 林春国, 朱风涛, 等. 酶制剂 Citrozym Premium L 和 Cellubrix L 在胡萝卜汁生产中的应用效果比较[J]. 食品科学, 2002, 26(5): 86-87.

[42]朱秀灵, 车振明, 徐伟, 等. β-胡萝卜素生理功能及提取技术的研究进展[J]. 西华大学学报(自然科学版), 2005, 24(1): 71-76.

[43]Suutarinen M, Mustranta A, Autio K, et al. The potential of enzymatic peeling of vegetables[J]. Journal of the Science of Food and Agriculture, 2003, 83(15): 1556-1564.

[44] Tanska M, Zadernowski R, Konopka I. The quality of wheat bread supplemented with dried carrot pomace[J]. Polish Journal of Natural Sciences, 2007, 22(1): 126-136.

[45] Singh B, Panesar P S, Nanda V. Utilization of Carrot Pomace for the Preparation of a Value Added Product[J]. World Journal of Dairy & Food Sciences, 2006, 1(1): 22-27.

[46]Chantaro P, Devahastin S, Chiewchan N. Production of antioxidant high dietary fiber powder from carrot peels[J]. LWT-Food Science and Technology, 2008, 41(10): 1987-1994.

[47]张学杰, 赵永彬, 尹明安. 胡萝卜渣干燥过程中水分、类胡萝卜素的变化规律及工艺比较[J]. 中国农业科学, 2007, 40(5): 995-1005.

[48] Upadhyay A, Sharma H K, Sarkar B C. Characterization and dehydration kinetics of carrot pomace[J]. Agricultural Engineering International, 2008(2): 1-9.

[49]Upadhyay A, Sharma H K, Sarkar B C. Optimization of carrot pomace powder incorporation on extruded product quality by response surface methodology.[J]. Journal of Food Quality, 2010, 33(3): 350-369.

[50] Hipsley E H. Dietary "fibre" and pregnancy toxaemia[J]. British Medical

Journal, 1953, 22(8): 420 -422.

[51]林文庭，洪华荣. 胡萝卜渣膳食纤维的润肠通便作用[J]. 福建医科大学学报，2008，42(6): 522 -525.

[52]Trowell H. Ischemic heart disease and dietary fibre[J]. American Journal of Clinical Nutrition, 1972, 25(9): 926 -932.

[53] Chau C F, Huang Y L. Comparison of the Chemical Composition and Physicochemical Properties of Different Fibers Prepared from the Peel of Citrus sinensis L. Cv. Liucheng[J]. Journal of Agricultural and Food Chemistry, 2003, 51(9): 2615 -2618.

[54]Chau C F, Chen C H, Lee M H. Comparison of the characteristics, functional properties, and in vitro hypoglycemic effects of various carrot insoluble fiber - rich fractions[J]. Lebensmittel - Wissenschaft und - Technologie, 2004, 37(2): 155 -160.

[55] Ma S, Ren B, Diao Z J, et al. Physicochemical properties and intestinal protective effect of ultra - micro ground insoluble dietary fibre from carrot pomace[J]. Food and Function, 2016, (7): 3902 -3909.

[56]林文庭，洪华荣. 胡萝卜渣膳食纤维提取工艺及其性能特性研究[J]. 粮油食品科技，2008，16(6): 56 -59.

[57]邵焕霞. 胡萝卜渣中膳食纤维提取工艺研究[J]. 食品与发酵科技，2009，45(4): 56 -58.

[58]Kumari S, Grewal R B. Nutritional evaluation and utilization of carrot pomace powder for preparation of high fiber biscuits[J]. Journal of Food Science and Technology - Mysore, 2007, 44(1): 56 -58.

[59]Sims C A, Balaban M O, MalThews R F. Optimization of Carrot Juice Color and Cloud Stability[J]. Journal of Food Science, 1993, 58(5): 1129 -1131.

[60] Stoll T, Schweiggert U, Schieber A, et al. Process for the recovery of a carotene - rich functional food ingredient from carrot pomace by enzymatic liquefaction[J]. Innovative Food Science & Emerging Technologies, 2003, 4(4): 415 -423.

[61]张学杰，赵永彬，尹明安. 胡萝卜干渣中类胡萝卜素的超临界 CO_2 萃取技术研究[J]. 食品工业科技，2006，27(2): 154 -155,158.

[62]Carle R, Schieber A. Functional food components obtained from waste of carrot

and apple juice production[J]. Ernahrungs - Umschau, 2006, 53(9): 348.

[63] Gulfi M, Arrigoni E, Amado R. Influence of structure on in vitro fermentability of commercial pectins and partially hydrolysed pectin preparations [J]. Carbohydrate Polymers, 2005, 59(2): 247 - 255.

[64]陈洪潮，邵梦欣，王振琪，等. 利用胡萝卜、山楂榨渣提取果胶工艺研究[J]. 食品研究与开发，1995，16(2)：26 - 29.

[65]陈改荣，张庆芝. 盐沉淀法从胡萝卜渣中提取果胶的工艺[J]. 食品科学，1997，18(7)：38 - 41.

[66] Zia - ur - Rehman Ali S, Khan A D, Shah F H. Utilisation of fruit and vegetable wastes in layers diet[J]. Journal of Science in Food Agriculture 1994, 65(4): 947 - 957.

[67]申瑾瑜，杜彩霞. 果蔬膳食纤维生产技术研究[J]. 山西食品工业，2005(3):5 - 7,19.

[68]何锦风，郝利民. 论膳食纤维[J]. 食品与发酵工业，1998，23(5)：63 - 68,79.

[69] Nawirska A, Uklanska C. Waste products from fruit and vegetable. [J]. Technologia Alimentaria, 2008, 7(2): 35 - 42.

[70]梅新. 甘薯膳食纤维、果胶制备及物化特性研究[D]. 北京，中国农业科学院，2010.

[71]许文宪. 从胡萝卜渣中提取膳食纤维的工艺研究[J]. 科技信息，2010(3)：428.

[72]曹媛媛，木泰华. 筛法提取甘薯膳食纤维的工艺研究[J]. 食品工业科技，2007，28(7)：131 - 133.

[73]申瑞玲，王英. 膳食纤维的改性及其对功能特性的影响[J]. 农产品加工，2009，166(3)：17 - 20，25.

[74]杜崇旭，牛铭山，刘雪娇. 膳食纤维改性与应用的研究进展[J]. 大连民族学院学报 2005，7(8)：18 - 21.

[75] Dong W J, Wang D D, Hu R S, et al. Chemical composition, structural and functional properties of soluble dietary fiber obtained from coffee peel using different extraction methods [J]. Food Research International, 2020, 136: 109497 - 109517.

[76] Khan G M, Khan N M, Khan Z U, et al. Effect of extraction methods on

structural, physiochemicaland functional properties of dietary fiber from defatted walnutflour[J]. Food Science and Biotechnology, 2018, 27: 1015 - 1022.

[77] Lecumberri E, Mateos R, Izquierdo - Pulido M., et al. Dietary fibre composition, antioxidant capacity and physico - chemical properties of a fibre - rich product from cocoa (*Theobroma cacao* L.)[J]. Food Chemistry, 2007, 104(3): 948 - 954.

[78] Ma M M and Mu T H. Effects of extraction methods and particle size distribution on the structural, physicochemical, and functional properties of dietary fiber from deoiled cumin[J]. Food Chemistry, 2016, 194: 237 - 246.

[79] Li N, Feng Z Q, Niu Y G, et al. Structural, rheological and functional properties of modified soluble dietary fiber from tomato peels[J]. Food Hydrocolloids. 2018, 77:557 - 565.

[80] Sangnark A, Noomhorm A. Chemical, physical and baking properties of dietary fiber prepared from rice straw[J]. Food Research International, 2004, 37(1): 66 - 74.

[81] Wang T Y and Ma Z S. A novel insoluble dietary fiber - based edible paper from Chinese cabbage[J]. Cellulose, 2017, 24(8): 3411 - 3419.

[82] Keshk and Sherif M A S. Effect of different alkaline solutions on crystalline structure of cellulose at different temperatures[J]. Carbohydrate Polymers, 2015, 115: 658 - 662.

[83] 解战峰. 用农产品废弃物制备纤维素强阳离子交换剂及其应用[D]. 西北大学, 2003.

[84] 冯继华,曾静芬,陈茂椿, 侯正高. 应用 VanSoest 法和常规法测定纤维素及木质素的比较[J]. 西南民族大学学报(自然科学版), 1994, 20(1): 58 - 62.

[85] 李丽, 罗仓学, 王白鸥, 等. 苹果渣中纤维素、半纤维素的提取分离[J]. 食品科技, 2008(1): 132 - 136.

[86] 王学奎. 植物生理生化实验原理和技术[M]. 北京: 高等教育出版社, 2006.

[87] Figuerola F, Hurtado M, Estevez A, et al. Fibre concentrates from apple pomace and citrus peel as potential fibre sources for food enrichment[J]. Food Chemistry, 2005, 91(3): 395 - 401.

[88]蓝海军，刘成梅，涂宗财，等. 大豆膳食纤维的湿法超微粉碎与干法超微粉碎比较研究[J]. 食品科学，2007，28(6)：171－174.

[89]Sudha M，Baskaran V，Leelavathi K. Apple pomace as a source of dietary fiber and polyphenols and its effect on the rheological characteristics and cake making [J]. Food Chemistry，2007，104(2)：686－692.

[90]张鸿发，励建荣，周勤，等. 从柑橘皮中提取食用纤维的工艺[J]. 食品研究与开发，2000，21(2)：26－27.

[91]钱建亚，丁霄霖. 酸碱挤压联合作用对膳食纤维组成的影响[J]. 西部粮油科技，1997，22(2)：26－30.

[92]郑建仙. 功能性食品[M]. 北京：中国轻工业出版社，1999.

[93]凌莉，李志勇. 果蔬中的功能因子[J]. 食品科学，2006，27(12)：906－909.

[94]涂宗财，李金林，汪菁琴，等. 微生物发酵法研制高活性大豆膳食纤维的研究[J]. 食品工业科技，2005，26(5)：49－51.

[95]贺昱. 改性甜菜纤维素—植物蛋白可食性复合膜成膜工艺及性质研究[D]. 乌鲁木齐，新疆农业大学，2005.

[96]Chauvelon G，Gergaud N，Saulnier L，et al. Esterification of cellulose－enriched agricultural by－products and characterization of mechanical properties of cellulosic films[J]. Carbohydrate Polymers，2000，42(4)：385－392.

[97]Fama L，Gerschenson L，Goyanes S. Starch－vegetable fibre composites to protect food products[J]. Carbohydrate Polymers，2009，75(2)：230－235.

[98]罗素娟，樊晓丹，韦毅，等. 以甘蔗渣为原料制备纤维素粉的生产工艺[J]. 化工进展，2005，24(11)：1306－1309.

[99]邬建国，周帅，张晓昱，等. 采用药用真菌液态发酵甘薯渣获得膳食纤维的发酵工艺研究[J]. 食品与发酵工业，2005，31(7)：42－44.

[100]曹勇，柴田信一. 甘蔗渣的碱处理对其纤维增强全降解复合材料的影响[J]. 复合材料学报，2006，23(3)：60－61.

[101]刘珊，赵谋明. 改性纤维素的性质及其在食品中的应用[J]. 中国食品添加剂，2004(2)：73－76，66.

[102]Park K H，Lee K Y，and Lee H G. Chemical composition and physicochemical properties of barley dietary fiber by chemical modification[J]. International Journal of Biological Macromolecules，2013，60，360－365.

[103]谢文伟，孙一峰. 蔗渣纤维制备高取代度羧甲基纤维素[J]. 广西轻工业，2000(1):31 -32.

[104]张锐利. 利用甜菜粕生产羧甲基纤维素的研究[J]. 新疆农业科学，2005，42(3)：198 -200.

[105]Haware R V，Bauer - Brandl A，Tho I. Comparative evaluation of the powder and compression properties of various grades and brands of microcrystalline cellulose by multivariate methods [J]. Pharmaceutical Development and Technology，2010，15(4)：394 -404.

[106]Ishikawa T，Mukai B，Shiraishi S，et al. Preparation of rapidly disintegrating tablet using new types of microcrystalline cellulose (PH - M Series) and low substituted - hydroxypropylcellulose or spherical sugar granules by direct compression method [J]. Chemical and Pharmaceutical Bulletin，2001，49 (2)：134 -139.

[107]侯永发，李淑秀，杨维生. 合成革 MCC 微孔剂的研制和应用[J]. 林产化工通讯，2005，26(4)：16 -20.

[108]徐永建，刘姗姗，冯春. 棉短绒微晶纤维素制备工艺的研究(英文)[J]. 陕西科技大学学报(自然科学版)，2005，26(4)：16 -20.

[109] Ejikeme P M. Investigation of the physicochemical properties of microcrystalline cellulose from agricultural wastes I：orange mesocarp [J]. Cellulose，2008，15(1)：141 -147.

[110] Collazo - Bigliardi S，Ortega - Toro R，Boix A C. Isolation and characterisation of microcrystalline cellulose and cellulose nanocrystals from coffee husk and comparative study with rice husk[J]. Carbohydrate Polymers，2018，191：205 -215.

[111] Abu - Thabit N Y，Abu Judeh A，Hakeem，A S，et al. Isolation and characterization of microcrystalline cellulose from date seeds (*Phoenix dactylifera L.*)[J]. International Journal of Biological Macromolecules，2020，155：730 -739.

[112] Hua Y L，Harun S，Sajab M S，et al. Extraction of Cellulose and Microcrystalline Cellulose from Kenaf[J]. Jurnal Kejuruteraan，2020，32(2)：205 -213.

[113]朱玉琴，汤烈贵，潘松汉，等. 微粉(和微晶)纤维素的微细结构[J]. 应用

化学, 1995, 12(2): 51 - 54.

[114] Bilbao - Sainz C, Wood R, Williams T G, et al. Composite Edible Films Based on Hydroxypropyl Methylcellulose Reinforced with Microcrystalline Cellulose Nanoparticles [J]. Journal of Agricultural and Food Chemistry, 2010, 58(6): 3753 - 3760.

[115] Wu Q J, Henriksson M, Liu X H, et al. A High Strength Nanocomposite Based on Microcrystalline Cellulose and Polyurethane[J]. Biomacromolecules, 2007, 8(12): 3687 - 3692.

[116] Petersson L, Oksman K. Biopolymer based nanocomposites: Comparing layered silicates and microcrystalline cellulose as nanoreinforcement[J]. Composites Science and Technology, 2006, 66(13): 2187 - 2196.

[117] 潘松汉, 汤烈贵, 王贞, 等. 微晶纤维素的微细结构研究[J]. 纤维素科学与技术, 1994(1), 1 - 7.

[118] 侯永发, N. E. 科捷莉尼科娃, G. A. 彼得罗帕夫洛夫斯基. 阔叶材(山杨和速生杨)漂白浆和未漂浆水解降解及其产物性质的研究(英文)[J]. 林产化学与工业, 1990, 10(2): 59 - 69.

[119] Duchemin B J C Z, Newman R H, Staiger M P. Phase transformations in microcrystalline cellulose due to partial dissolution[J]. Cellulose, 2007, 14(4): 311 - 320.

[120] Duchemin B J C, Newman R H, Staiger M P. Structure - property relationship of all - cellulose composites [J]. Composites Science and Technology, 2009, 69(7 - 8): 1225 - 1230.

[121] 涂宗财, 候鹏, 刘成梅, 等. 纳米技术及其在食品中的应用研究概述[J]. 江西食品工业, 2004(2): 16 - 17.

[122] Lee S Y, Mohan D J, Kang I A, et al. Nanocellulose reinforced PVA composite films: Effects of acid treatment and filler loading[J]. Fibers and Polymers, 2009, 10(1): 77 - 82.

[123] Sehaqu H, Mautner A, Perez de Larraya U, et al. Cationic cellulose nanofibers from waste pulp residues and their nitrate, fluoride, sulphate and phosphate adsorption properties[J]. Carbohydrate Polymers, 2016, 135: 334 - 340.

[124] Sirvio J A and Visanko M. Anionic wood nanofibers produced from unbleached mechanical pulp by highly efficient chemical modification [J]. Journal of

Materials Chemistry A, 2017, 5(41): 21828 - 21835.

[125] Iwamoto S, Nakagaito A N, Yano H, et al. Optically transparent composites reinforced with plant fiber - based nanofibers[J]. Applied Physics A, 2005, 81(6): 1109 - 1112.

[126] 曲维均, 陈佩蓉, 何福望. 制浆造纸学实验[M]. 北京: 中国轻工业出版社, 1990.

[127] 陈嘉翔, 余家鸾. 植物纤维化学结构的研究方法[M]. 广州: 华南理工大学出版社, 1998.

[128] 李颖. 几种常用的聚合物结晶度测定方法的比较[J]. 沈阳建筑工程学院学报, 2000, 16(4): 269 - 271.

[129] 叶君, 梁文芷, 范佩明, 等. 超声波处理引起纸浆纤维素结晶度变化[J]. 广东造纸, 1999(2), 6 - 10.

[130] 刘艳萍, 张洋, 章昕, 等. 豆胶染色杨木胶合板的工艺及性能[J]. 林业科技开发, 2009, 23(4): 95 - 97.

[131] 侯永发. 微晶纤维素的研究与应用[J]. 林产化学与工业, 1993, 13(2): 169 - 175.

[132] Raghavendra S N, Ramachandra Swamy S R, Rastogi N K, et al. Grinding characteristics and hydration properties of coconut residue: A source of dietary fiber[J]. Journal of Food Engineering, 2006, 72(3): 281 - 286.

[133] 刘成梅, 刘伟, 林向阳, 等. Microfluidizer 对膳食纤维微粒粒度分布的影响[J]. 食品科学, 2004, 25(1): 52 - 55.

[134] 洪杰, 张绍英. 湿法超微粉碎对大豆膳食纤维素微粒结构及物性的影响[J]. 中国农业大学学报, 2005, 10(3): 90 - 94.

[135] 陈国伟. 微纳纤维素/聚砜复合超滤膜材料的制备及性能研究[D]. 北京, 北京林业大学, 2008.

[136] 张小宁, 杨海军, 丁明玉, 等. 微纳颗粒分散体系的粒度分析[J]. 石化技术与应用, 2001, 19(4): 213 - 216.

[137] 李松晔, 刘晓非, 庄旭品, 等. 棉浆粕纤维素的超声波处理[J]. 应用化学, 2003, 20(11): 1030 - 1034.

[138] 李小芳, 丁恩勇, 黎国康. 一种棒状纳米微晶纤维素的物性研究[J]. 纤维素科学与技术, 2001, 9(2): 29 - 36.

[139] 戈进杰. 生物降解高分子材料及应用[M]. 北京:化学工业出版社, 2002.

[140]阴艳华，郑碧微，李海玲，等. 微波水解法制备稻草微晶纤维素及能效分析[J]. 化学与生物工程，2010，27(10)：44－46.

[141]Van Wyk J P H. Biotechnology and the utilization of biowaste as a resource for bioproduct development [J]. Trends in biotechnology, 2001, 19 (5): 172－177.

[142]Pommier J C, Fuentes J L, Goma G. Using enzymes to improve the product quality in the recycled paper industry. Part 1: the basic laboratory work[J]. Tappi journal, 1989, 72(6): 187－191.

[143]Park J, Park K. Improvement of the physical properties of reprocessed paper by using biological treatment with modified cellulose[J]. Bioresource Technology, 2001, 79(1): 91－94.

[144]Baker R A, Wicker L. Current and potential applications of enzyme infusion in the food industry[J]. Trends in Food Science and Technology, 1996, 7(9): 279－284.

[145]Bhat M K. Cellulases and related enzymes in biotechnology[J]. Biotechnology Advances, 2000, 18(5): 355－383.

[146]杨桂花，李昭成，陈嘉川，等. 不同配比纤维素酶和半纤维素酶对麦草浆的改性[J]. 中华纸业，2001，22(5)：39－40.

[147]Paice M G, Jurasek L. Removing hemicellulose from pulps by specific enzymic hydrolysis[J]. Journal of Wood Chemistry and Technology, 1984, 4(2): 187－198.

[148]赵玉林，陈中豪，王福君. 半纤维素酶在制浆造纸工业的应用研究进展[J]. 中国造纸学报，2001，16(2)：146－150.

[149]熊建华，王双飞，叶志青. 纤维素的改性技术及进展[J]. 西南造纸，2004，33(6)：24－26.

[150]刘娜，石淑兰. 漆酶改善纤维特性的研究进展[J]. 中国造纸学报，2008，23(1)：95－100.

[151]Lee S B, Kim I H, Ryu D D Y, et al. Structural properties of cellulose and cellulase reaction mechanism[J]. Biotechnology and Bioengineering, 1983, 25(1): 33－51.

[152]Walpot J I. Enzymatic hydrolysis of waste paper [J]. Conservation & Recycling, 1986, 9(1): 127－136.

[153] Gua M D, Fang H C, Gao Y H, et al. Characterization of enzymatic modified soluble dietary fiber from tomato peels with high release of lycopene[J]. Food Hydrocolloids, 2020, 99:105321 -105329.

[154] Zhang M Y, Liao A Y, Thakur K, et al. Modification of wheat bran insoluble dietary fiber with carboxymethylation, complex enzymatic hydrolysis and ultrafine comminution[J]. Food Chemistry, 2019, 297: 124983 -124992.

[155] Mansfield S D, Wong K K Y, De Jong E, et al. Modification of Douglas - fir mechanical and kraft pulps by enzyme treatment[J]. Tappi journal, 1996, 79 (8): 125 -132.

[156] 张红莲, 姚斌, 范云六. 木聚糖酶的分子生物学及其应用[J]. 生物技术通报, 2002, (3): 23 -26, 30.

[157] 冯文英, 李振岩, 常清荣, 等. 木聚糖酶的制备及其在麦草浆漂白中的应用[J]. 中国造纸, 2002(2): 8 -13.

[158] Cheng L, Zhang X, Hong Y, et al. Characterisation of physicochemical and functional properties of soluble dietary fibre from potato pulp obtained by enzyme - assisted extraction [J]. International Journal of Biological Macromolecules, 2017,101:1004 -1011.

[159] Zhu Y, He C H, Fan H X, et al. Modification of foxtail millet (*Setaria italica*) bran dietary fiber by xylanase - catalyzed hydrolysis improves its cholesterol - binding capacity [J]. LWT - Food Science and Technology, 2019, 101: 463 -468.

[160] 袁平, 余惠生, 付时雨, 等. 纤维素酶和半纤维素酶对纤维改性的研究进展[J]. 中国造纸, 2001(5): 53 -56.

[161] Ryu D D Y, Mandels M. Cellulases: Biosynthesis and applications [J]. Enzyme and Microbial Technology, 1980, 2(2): 91 -102.

[162] Ma M M and Mu T H. Modification of deoiled cumin dietary fiber with laccase and cellulase under high hydrostatic pressure [J]. Carbohydrate Polymers, 2016, 136: 87 -94.

[163] 管斌, 孙艳玲, 隆言泉, 等. 复合纤维素酶对杨木 SGW 浆纤维素结晶度和微晶体尺寸的影响[J]. 中国造纸学报, 2000, 15(1): 6 -11.

[164] 金毓荃, 李兆辉, 李坚, 等. 酶法制取水溶性膳食纤维的实验研究[J]. 北京工业大学学报, 2004, 20(1): 45 -48.

[165]杨博，秦梦华，刘娜，等. 纤维素酶和木聚糖酶改善杨木 CTMP 强度性能的研究[J]. 造纸科学与技术，2010，29(2)：59－63.

[166]杨博，秦梦华，刘娜，等. 纤维素酶和木聚糖酶改善杨木 APMP 强度性能的研究[J]. 中华纸业，2010(14)，46－50.

[167]Yu G Y，Bei J，Zhao J et al. Modification of carrot (Daucus carota Linn. var. Sativa Hoffm.) pomace insoluble dietary fiber with complex enzyme method，ultrafine comminution，and high hydrostatic pressure[J]. Food Chemistry，2018，257：333－340.

[168]曲音波，高培基，陈嘉川，等. 麦草浆的生物漂白与酶法改性[J]. 中华纸业，2001，23(4)：13－15.

[169]Song Y，Su W，and Mu Y C. Modification of bamboo shoot dietary fiber by extrusion－cellulase technology and its properties[J]. International Journal of Food Properties，2018，21：1219－1232.

[170]Meng S，Wang W H，and Cao L L. Soluble dietary fibers from black soybean hulls：Physical and enzymatic modification，structure，physical properties，and cholesterol binding capacity[J]. Journal of Food Science，2020，85(1)：1－7.

[171]Xu H G，Jiao Q，Yuan F，et al. In vitro binding capacities and physicochemical properties of soluble fiber prepared by microfluidization pretreatment and cellulase hydrolysis of peach pomace[J]. LWT－Food Science and Technology，2015，63(1)：677－684.

[172]Tibolla C H，Pelissari F M，Menegalli F C. Cellulose nanofibers produced from banana peel by chemical and enzymatic treatment[J]. LWT－Food Science and Technology，2014，59：1311－1318.

[173]Juarez－Luna G N，Favela－Torres E，Quevedo I R，et al. Enzymatically assisted isolation of high－quality cellulose nanoparticles from water hyacinth stems[J]. Carbohydrate Polymers，2019，220：110－117.

[174]Tao P，Zhang Y H，Wu，Z M，et al. Enzymatic pretreatment for cellulose nanofibrils isolation from bagasse pulp：Transition of cellulose crystal structure [J]. Carbohydrate Polymers，2019，214：1－7.

[175]McHugh T H，Olsen C W，Senesi E，et al. Fruit and vegetable edible wraps application to partially dehydrated apple pieces：United States－Japan cooperative program in natural resources[J]. Quality of Fresh and Processed

Foods, 2004, 54(2): 289 -299.
[176]吕家华. 纤维素酶对纤维素纤维的作用[D]. 上海, 东华大学, 2003.
[177]管斌, 孙艳玲, 谢来苏, 等. 纸浆酶改性对纤维素聚合度和纤维长度的影响[J]. 中国造纸学报, 2000, 15(12): 14 -17.
[178] Dainel R M, Danson M J, Eisenthal R, et al. The temperature optima of enzymes: a new perspective on an old phenomenon[J]. Trends in Biochemical Sciences, 2001, 26(4): 223 -225.
[179]鲁杰, 石淑兰, 杨汝男, 等. 纤维素酶酶解苇浆纤维微观结构和结晶结构的变化[J]. 中国造纸学报, 2005, 20(2): 85 -90.
[180]唐爱民, 张宏伟, 陈港, 等. 超声波处理对纤维素纤维形态结构的影响[J]. 纤维素科学与技术, 2005, 13(1): 26 -33.
[181] Chang V S, Nagwan I M, Holtzapplem T. Lime pretreatment of crop residues bagasse and wheat straw[J]. Applied Biochemistry and Biotechnology, 1998, 74(3): 135 -159.
[182]鲁杰, 石淑兰, 邢效功, 等. NaOH 预处理对植物纤维素酶解特性的影响[J]. 纤维素科学与技术, 2004, 12(1): 1 -6.
[183]管斌, 孙艳玲, 隆言泉, 等. 复合纤维素酶对杨木 SGW 浆纤维素结晶度和微晶体尺寸的影响[J]. 中国造纸学报, 2000, 15(1): 7 -11.
[184]姜燕, 唐传核, 温其标, 等. 蛋白质膜的研究进展[J]. 食品研究与开发, 2006, 27(9): 185 -188.
[185] Zhang H K, Mittal G. Biodegradable Protein - based Films from Plant Resources: A Review [J]. Environmental Progress & Sustainable Energy, 2010, 29(2): 203 -220.
[186] Imran M, El - Fahmy S, Revol - Junelles A M, et al. Cellulose derivative based active coatings: Effects of nisin and plasticizer on physico - chemical and antimicrobial properties of hydroxypropyl methylcellulose films [J]. Carbohydrate Polymers, 2010, 81(2): 219 -225.
[187]晏志云, 蔡奕文. 可食性膜的研究进展[J]. 广州食品工业科技, 2000, 16(4): 61 -65, 80.
[188]刘尚军, 王若兰, 姜海峰, 等. 可食膜果蔬保鲜效果研究[J]. 郑州工程学院学报, 2004, 25(4): 58 -61.
[189]邱伟芬. 活性可食性膜在食品包装中的应用[J]. 包装与食品机械, 2003,

21(6): 13-17.

[190]杜玉宝，骆光林. 浅谈包装材料热封性能的影响因素[J]. 塑料包装，2007，17(4): 29-32.

[191] Ghanbarzadeh B, Almasi H, Entezami A A. Improving the barrier and mechanical properties of corn starch-based edible films: Effect of citric acid and carboxymethyl cellulose[J]. Industrial Crops and Products, 2011, 33(1): 229-235.

[192] Perez-gago M B, Krochta J M. Denaturation Time and Temperature Effects on Solubility, Tensile Properties, and Oxygen Permeability of Whey Protein Edible Films[J]. Journal of Food Science, 2001, 66(5): 705-710.

[193] Chiou B S, Avena-Bustillos R J, Bechtel P J, et al. Effects of drying temperature on barrier and mechanical properties of cold-water fish gelatin films[J]. Journal of Food Engineering, 2009, 95(2): 327-331.

[194] Soliman E A, Furuta M. Influence of gamma-irradiation on mechanical and water barrier properties of corn protein-based films[J]. Radiation Physics and Chemistry, 2009, 78(7-8): 651-654.

[195] Pelissari F M, Grossmann M V E, Yamashita F, et al. Antimicrobial, Mechanical, and Barrier Properties of Cassava Starch-Chitosan Films Incorporated with Oregano Essential Oil[J]. Journal of Agricultural and Food Chemistry, 2009, 57(16): 7499-7504.

[196] Pereda M, Aranguren M I, Marcovich N E. Characterization of chitosan/caseinate films[J]. Journal of Applied Polymer Science, 2008, 107(2): 1080-1090.

[197] Chen C H, Kuo W S, Lai L S. Effect of surfactants on water barrier and physical properties of tapioca starch/decolorized hsian-tsao leaf gum films[J]. Food Hydrocolloids, 2009, 23(3): 714-721.

[198] Chen P, Zhang L, Cao F. Effects of Moisture on Glass Transition and Microstructure of Glycerol-Plasticized Soy Protein[J]. Macromolecular Bioscience, 2005, 5(9): 872-880.

[199] Maftoonazad N, Ramaswamy H S, Marcotte M. Moisture sorption behavior, and effect of moisture content and sorbitol on thermo-mechanical and barrier properties of pectin based edible films[J]. International Journal of Food

Engineering, 2007, 3(4): 100 – 107.

[200] Fabra M J, Talens P, Chiralt A. Microstructure and optical properties of sodium caseinate films containing oleic acid – beeswax mixtures [J]. Food Hydrocolloids, 2009, 23(3): 676 – 683.

[201] Romero – Bastida C A, Bello – Pérez L A, García M A, et al. Physicochemical and microstructural characterization of films prepared by thermal and cold gelatinization from non – conventional sources of starches [J]. Carbohydrate Polymers, 2005, 60(2): 235 – 244.

[202] Talja R A, Peura M, Serimaa R, et al. Effect of amylose content on physical and mechanical properties of potato – starch – based edible films [J]. Biomacromolecules, 2008, 9(2): 658 – 663.

[203] Parameswara P, Demappa T, Guru Row T N, et al. Microstructural parameters of hydroxypropyl – methylcellulose films using X – ray data [J]. Iranian Polymer Journal (English Edition), 2008, 17(11): 821 – 829.

[204] Denavi G A, Perez – Mateos M, Anon M C, et al. Structural and functional properties of soy protein isolate and cod gelatin blend films [J]. Food Hydrocolloids, 2009, 23(8): 2094 – 2101.

[205] 莫文敏，曾庆孝. 可食性大豆蛋白膜的性能及应用前景[J]. 粮油食品科技, 2001, 9(3): 12 – 13.

[206] Rhim J W, Gennadios A, Handa A, et al. Solubility, Tensile, and Color Properties of Modified Soy Protein Isolate Films[J]. Journal of Agricultural and Food Chemistry, 2000, 48(10): 4937 – 4941.

[207] 陈云. 大豆蛋白质的共混改性研究[D]. 武汉，武汉大学, 2004.

[208] Rangavajhyala N, Ghorpade V, Hanna M. Solubility and Molecular Properties of Heat – Cured Soy Protein Films [J]. Journal of Agricultural and Food Chemistry, 1997, 45(11): 4204 – 4208.

[209] 闫革华，毕会敏，马中苏，等. 大豆分离蛋白基可食薄膜[J]. 吉林大学学报(工学版), 2004, 17(1): 159 – 162.

[210] 王静，卞科，赵扬. 微波对大豆分离蛋白可食包装性能影响的研究[J]. 粮油加工, 2007(8): 86 – 90.

[211] 周红锋，张子勇，欧仕益. 大豆分离蛋白可食膜的制备及微波处理对性能的影响[J]. 包装工程, 2006, 27(2): 28 – 30.

[212] Mehra S, Nisar S, Chauhan S, et al. Soy Protein – Based Hydrogel under Microwave – Induced Grafting of Acrylic Acid and 4 –(4 – Hydroxyphenyl) butanoic Acid: A Potential Vehicle for Controlled Drug Delivery in Oral Cavity Bacterial Infections[J]. ACS OMEGA, 2020, 5(34): 21610 – 21622.

[213] Wang Z, Zhang N, Wang H Y., et al. The effects of ultrasonic/microwave assisted treatment on the properties of soy protein isolate/titanium dioxide films [J]. LWT – Food Science and Technology, 2014, 57(2): 548 – 555.

[214] Lee M. Effect of γ – irradiation on the physicochemical properties of soy protein isolate films[J]. Radiation Physics and Chemistry, 2005, 72(1): 35 – 40.

[215] Kurose T, Urman K, Otaigbe J U, et al. Effect of uniaxial drawing of soy protein isolate biopolymer film on structure and mechanical properties [J]. Polymer Engineering & Science, 2007, 47(4): 374 – 380.

[216] Brandenburg A H, Weller C L, Testin R F. Edible Films and Coatings from Soy Protein[J]. Journal of Food Science, 1993, 58(5): 1086 – 1089.

[217] Mauri A N, Añón M C. Effect of solution pH on solubility and some structural properties of soybean protein isolate films[J]. Journal of the Science of Food and Agriculture, 2006, 86(7): 1064 – 1072.

[218] 陈复生，宫保文，刘伯业，等. 大豆分离蛋白/淀粉可生物降解材料的性能研究[J]. 塑料科技，2010，38(12)：39 – 42.

[219] 姜燕，唐传核，温其标，等. 谷氨酰胺转移酶处理对大豆分离蛋白、酪蛋白酸钠和明胶可食膜特性的影响[J]. 化工进展，2006，25(3)：324 – 328.

[220] Tang C H, Jiang Y, Wen Q B, et al. Effect of transglutaminase treatment on the properties of cast films of soy protein isolates[J]. Journal of Biotechnology, 2005, 120(3): 296 – 307.

[221] Jangchud A, Chinnan M S. Properties of Peanut Protein Film: Sorption Isotherm and Plasticizer Effect [J]. Lebensmittel – Wissenschaft und – Technologie, 1999, 32(2): 89 – 94.

[222] Orliac O, Rouilly A, Silvestre F, et al. Effects of various plasticizers on the mechanical properties, water resistance and aging of thermo – moulded films made from sunflower proteins[J]. Industrial Crops and Products, 2003, 18(2): 91 – 100.

[223] Kokoszka S, Debeaufort F, Hambleton A, et al. Protein and glycerol contents

affect physico - chemical properties of soy protein isolate - based edible films [J]. *Innovative Food Science & Emerging Technologies*, 2010, 11(3): 503 - 510.

[224] Zhang C, Ma Y, Zhao X Y, et al. Development of soybean protein - isolate edible films incorporated with beeswax, Span 20, and glycerol[J]. Journal of Food Science, 2010, 75(6): C493 - C497.

[225] Su J F, Huang Z, Zhao Y H, et al. Moisture sorption and water vapor permeability of soy protein isolate/poly (vinyl alcohol)/glycerol blend films [J]. Industrial Crops and Products, 2010, 31(2): 266 - 276.

[226] Jia D Y, Fang Y, Yao K. Water vapor barrier and mechanical properties of konjac glucomannan - chitosan - soy protein isolate edible films[J]. Food and Bioproducts Processing, 2009, 87(1): 7 - 10.

[227] 方育. 可食性魔芋葡甘聚糖—壳聚糖—大豆分离蛋白复合膜的研究[D]. 成都, 四川大学, 2006.

[228] Cao N, Fu Y, He J. Preparation and physical properties of soy protein isolate and gelatin composite films [J]. Food Hydrocolloids, 2007, 21 (7): 1153 - 1162.

[229] Martinez K, Sanchez C, Ruizhenestrosa V, et al. Effect of limited hydrolysis of soy protein on the interactions with polysaccharides at the air - water interface [J]. Food Hydrocolloids, 2007, 21(5 - 6): 813 - 822.

[230] 陈志周, 张子德, 田金强, 等. 增强剂和交联剂对大豆分离蛋白膜性能的影响[J]. 保鲜与加工, 2004(2): 21 - 23.

[231] Monedero F M, Fabra M J, Talens P, et al. Effect of calcium and sodium caseinates on physical characteristics of soy protein isolate - lipid films[J]. Journal of Food Engineering, 2010, 97(2): 228 - 234.

[232] 欧仕益, 康宇杰, 李爱军, 等. 阿魏酸对可食性大豆蛋白膜理化特性的影响[J]. 中国粮油学报, 2003, 18(3): 47 - 50.

[233] 郭新华, 张子勇, 欧仕益. 提高大豆分离蛋白膜机械强度和阻湿性能的研究[J]. 食品工业科技, 2005, 26(3): 148 - 150.

[234] Fabra M J, Jimenez A, Atares L, et al Effect of fatty acids and beeswax addition on properties of sodium caseinate dispersions and films [J]. Biomacromolecules, 2009, 10(6): 1500 - 1507.

[235] Rhim J W, Gennadios A, Weller C L, et al. Sodium dodecyl sulfate treatment improves properties of cast films from soy protein isolate[J]. Industrial Crops and Products, 2002, 15(3): 199 -205.

[236] Emiroglu Z K, Yemis G P, Coskun B K, et al. Antimicrobial activity of soy edible films incorporated with thyme and oregano essential oils on fresh ground beef patties[J]. Meat Science, 2010, 86(2): 283 -288.

[237] Atares L, De Jesus C, Talens P, et al. Characterization of SPI - based edible films incorporated with cinnamon or ginger essential oils[J]. Journal of Food Engineering, 2010, 99(3): 384 -391.

[238] 马越，张超，赵晓燕，等. 含花青素大豆蛋白可食膜对油脂贮藏的影响[J]. 中国粮油学报, 2010, 25(3): 22 -25.

[239] 曹勇，合田公一，陈鹤梅. 绿色复合材料的研究进展[J]. 材料研究学报, 2007, 21(2): 119 -125.

[240] 姜燕，刘欣，孟娴，等. 超声波处理对大白菜纤维性能的影响[J]. 食品工业科技, 2008, 29(11): 89 -91.

[241] 王新伟，孙秀秀，刘欢，等. 胡萝卜纤维的研究[J]. 食品工业科技, 2010, 31(11): 81 -83, 87.

[242] Mannai F, Ammar M, Yanez J G, et al. Cellulose fiber from Tunisian Barbary Fig 'Opuntia ficus - indica' for papermaking[J]. Cellulose, 2016, 23: 2061 -2072.

[243] 党育红，李鸿魁，陈敦群. 苹果渣用于造纸初探[J]. 纸和造纸, 2007(4), 30 -34.

[244] Sothornvit R, Pitak N. Oxygen permeability and mechanical properties of banana films[J]. Food Research International, 2007, 40(3): 365 -370.

[245] McHugh T H, Huxsoll C C, Krochta J M. Permeability Properties of Fruit Puree Edible Films[J]. Journal of Food Science, 1996, 61(1): 88 -91.

[246] Rojas - Graü M A, Avena - Bustillos R J, Friedman M, et al. Mechanical, Barrier, and Antimicrobial Properties of Apple Puree Edible Films Containing Plant Essential Oils[J]. Journal of Agricultural and Food Chemistry, 2006, 54(24): 9262 -9267.

[247] Royo M, Fernandez - Pan I, Mate J I. Antimicrobial effectiveness of oregano and sage essential oils incorporated into whey protein films or cellulose - based

filter paper[J]. Journal of the Science of Food and Agriculture, 2010, 90(9): 1513 - 1519.

[248] Wu R L, Wang X L, Li F, et al. Green composite films prepared from cellulose, starch and lignin in room - temperature ionic liquid[J]. Bioresource Technology, 2009, 100(9): 2569 - 2574.

[249] Azeredo H M C, Mattoso L H C, Wood D, et al. Nanocomposite Edible Films from Mango Puree Reinforced with Cellulose Nanofibers[J]. Journal of Food Science, 2009, 74(5): N31 - N35.

[250] Psomiadou E, Arvanitoyannis I, Yamamoto N. Edible films made from natural resources; microcrystalline cellulose (MCC), methylcellulose (MC) and corn starch and polyols - Part 2 [J]. Carbohydrate Polymers, 1996, 31 (4): 193 - 204.

[251] 曾凤彩, 武军. 增塑剂对纤维素膜表面结构和性能的影响[J]. 包装工程, 2006, 27(1): 16 - 17, 23.

[252] Müller C M O, Laurindo J B, Yamashita F. Effect of cellulose fibers addition on the mechanical properties and water vapor barrier of starch - based films [J]. Food Hydrocolloids, 2009, 23(5): 1328 - 1333.

[253] Saxena A, Elder T J, Pan S, et al. Novel nanocellulosic xylan composite film [J]. Composites Part B: Engineering, 2009, 40(8): 727 - 730.

[254] Chen Y, Liu C H, Chang P R, et al. Bionanocomposites based on pea starch and cellulose nanowhiskers hydrolyzed from pea hull fibre: Effect of hydrolysis time[J]. Carbohydrate Polymers, 2009, 76(4): 607 - 615.

[255] Dogan N, McHugh T H. Effects of Microcrystalline Cellulose on Functional Properties of Hydroxy Propyl Methyl Cellulose Microcomposite Films [J]. Journal of Food Science, 2007, 72(1): E016 - E022.

[256] Lee S Y, Chun S J, Kang I A, et al. Preparation of cellulose nanofibrils by high - pressure homogenizer and cellulose - based composite films[J]. Journal of Industrial and Engineering Chemistry, 2009, 15(1): 50 - 55.

[257] Ghanbarzadeh B, Almasi H, Entezami A A. Physical properties of edible modified starch/carboxymethyl cellulose films[J]. Innovative Food Science and Emerging Technologies, 2010, 11(4): 697 - 702.

[258] 岳晓华, 沈月新, 寿霞, 等. 壳聚糖—甲基纤维素复合膜的制作研究与性

能测定[J]. 农产品加工(学刊), 2005, 34(3): 28 - 30, 34.

[259] Turhan K N, Erdohan Sancak Z O, Ayana B, et al. Optimization of glycerol effect on the mechanical properties and water vapor permeability of whey protein - methylcellulose films [J]. Journal of Food Process Engineering, 2007, 30(4): 485 - 500.

[260] 严炎中, 徐雯宇, 曹国建, 等. 羟丙基甲基纤维素成膜性能的考察[J]. 中国医院药学杂志, 2003, 23(1): 54 - 55.

[261] Sanchez - Gonzalez L, Vargas M, Gonzalez - Martinez C, et al. Characterization of edible films based on hydroxypropylmethylcellulose and tea tree essential oil[J]. Food Hydrocolloids, 2009, 23(8): 2102 - 2109.

[262] Akhtar M J, Jacquot M, Arab - Tehrany E, et al. Control of salmon oil photo - oxidation during storage in HPMC packaging film: Influence of film colour[J]. Food Chemistry, 2010, 120(2): 395 - 401.

[263] 杨增吉, 邱化玉, 孙海梅. 改性纤维在造纸工业中的研究及其应用前景[J]. 西南造纸, 2006, 35(3): 10 - 12, 20.

[264] 刘欢, 张晓明, 王新伟, 等. 改性胡萝卜纤维对大豆分离蛋白膜阻二氧化碳和氧气性能的影响[J]. 食品科技, 2010, 35(11): 111 - 115.

[265] 刘欢, 王新伟, 孙秀秀, 等. 大豆分离蛋白/酶改性胡萝卜纤维可食性复合膜性能的研究[J]. 中国农业科技导报, 2010, 12(1): 66 - 71, 84.

[266] 郭新华, 张子勇, 欧仕益, 等. 大豆复合蛋白膜的性能研究[J]. 包装工程, 2005, 26(1): 62 - 64.

[267] Rhim J W, Gennadios A, Weller C L, et al. Soy protein isolate - dialdehyde starch films[J]. Industrial Crops and Products, 1998, 8(3): 195 - 203.

[268] Mariniello L, Di Pierro P, Esposito C, et al. Preparation and mechanical properties of edible pectin - soy flour films obtained in the absence or presence of transglutaminase[J]. Journal of Biotechnology, 2003, 102(2): 191 - 198.

[269] Albert S, Mittal G. Comparative evaluation of edible coatings to reduce fat uptake in a deep - fried cereal product [J]. Food Research International, 2002, 35(5): 445 - 458.

[270] Kester J J, Fennema O R. Edible films and coatings: a review [J]. Food Technology, 1986, 40(12): 47 - 59.

[271] 刘欢, 王新伟, 贺连斌, 等. 微晶纤维素对大豆分离蛋白可食性复合膜性

能的影响[J]. 食品与机械, 2010, 26(6): 86-88.
[272] Su J F, Huang Z, Yuan X Y, et al. Structure and properties of carboxymethyl cellulose/soy protein isolate blend edible films crosslinked by Maillard reactions [J]. Carbohydrate Polymers, 2010, 79(1): 145-153.
[273] 叶君, 熊犍, 宋臻善. 可食性大豆分离蛋白/改性纤维素共混膜的性能[J]. 高分子材料科学与工程, 2010, 26(11): 130-132.
[274] Guilbert S, Cuq B, Gontard N. Recent innovations in edible and/or biodegradable packaging materials [J]. Food Additives and Contaminants, 1997, 14(6/7): 741-751.
[275] 包惠燕, 李爱军, 欧仕益, 等. 几种大豆分离蛋白膜的特性及其在汤料包装上的应用[J]. 食品与机械, 2005, 20(6): 79-81, 84.
[276] Li C C, Luo J, Qin Z Y, et al. Mechanical and thermal properties of microcrystalline cellulose-reinforced soy protein isolate-gelatin eco-friendly films[J]. RSC Advances, 2015, 5(70): 56518-56525.
[277] 罗丽花, 陈云, 王小梅, 等. 凝固体系对纤维素/大豆蛋白膜结构的影响[J]. 武汉理工大学学报, 2008, 30(2): 5-9.
[278] 任红. 可食性大豆分离蛋白与凝胶多糖复合成膜特性及其应用研究[D]. 南宁, 广西大学, 2006.
[279] Gennadios A, Brandenburg A H, Weller C L, et al. Effect of pH on properties of wheat gluten and soy protein isolate films[J]. Journal of Agricultural and Food Chemistry, 1993, 41(11): 1835-1839.
[280] Sothornvit R, Krochta J M. Plasticizer effect on mechanical properties of β-lactoglobulin films [J]. Journal of Food Engineering, 2001, 50(3): 149-155.
[281] Liu W, Mohanty A K, Drzal L T, et al. Effects of alkali treatment on the structure, morphology and thermal properties of native grass fibers as reinforcements for polymer matrix composites[J]. Journal of Materials Science, 2004, 39(3): 1051-1054.
[282] 陈复生. 大豆蛋白凝胶光学性质及其应用的研究[D]. 北京: 中国农业大学, 2002.
[283] 易薇, 胡一桥. 差示扫描量热法在蛋白质热变性研究中的应用[J]. 中国药学杂志, 2004, 39(6): 401.

[284] Anker M, Stading M, Hermansson A M. Effects of pH and the Gel State on the Mechanical Properties, Moisture Contents, and Glass Transition Temperatures of Whey Protein Films[J]. Journal of Agricultural and Food Chemistry, 1999, 47(5): 1878 -1886.

[285] 王晶，任发政，商洁静，等. 增塑剂对乳清蛋白—丝胶复合可食用膜性能的影响[J]. 食品科学，2008，29(6)：59 -63.

[286] 陈复生，侯红江，程小丽，等. 复合增塑剂对大豆分离蛋白可生物降解材料性能影响的研究[J]. 粮油加工，2010，(3)：94 -98.

[287] Gniewosz M, Synowiec A, Dyrda M. Application of edible coatings with antimicrobial activity for food preservation[J]. Biotechnologia (Poznan), 2009 (4), 40 -53.

[288] 赵玉清，张云霞，郑兆艳，等. 壳聚糖复合物的制备及草莓保鲜研究[J]. 食品科学，2004，25(10)，336 -338.

[289] Chino S, Ohta Y, Futatsugi A, et al. Change in Fruit Characteristics during Ripening and Effect of Film Packaging on Fruit Ripening in "Koshisayaka" Pears[J]. Horticultural Research (Japan), 2010, 9(1): 99 -105.

[290] Hershko V, Weisman D, Nussinovitch A. Method For Studying Surface Topography and Roughness of Onion and Garlic Skins For Coating Purposes [J]. Journal of Food Science, 1998, 63(2): 317 -321.

[291] Villalobos - Carvajal R, Hernandez - Munoz P, Albors A, et al. Barrier and optical properties of edible hydroxypropyl methylcellulose coatings containing surfactants applied to fresh cut carrot slices[J]. Food Hydrocolloids, 2009, 23 (2): 526 -535.

[292] Vasconez M B, Flores S K, Campos C A, et al. Antimicrobial activity and physical properties of chitosan - tapioca starch based edible films and coatings [J]. Food Research International, 2009, 42(7): 762 -769.

[293] 张晓彦，刘伟民. 国内外果蔬涂膜技术动态[J]. 食品科技，2000(6)：2 -3.

[294] Hagenmaier R D, Baker R A. Reduction in gas exchange of citrus fruit by wax coatings[J]. Journal of Agricultural and Food Chemistry, 1993, 41 (2): 283 -287.

[295] Saucedo - Pompa S, Rojas - Molina R, Aguilera - Carbo A F, et al. Edible film based on candelilla wax to improve the shelf life and quality of avocado

[J]. Food Research International, 2009, 42(4): 511 -515.

[296] Mannheim C H, Soffer T. Permeability of Different Wax Coatings and Their Effect on Citrus Fruit Quality[J]. Journal of Agricultural and Food Chemistry, 1996, 44(3): 919 -923.

[297] Yoshida C M P, Antunes A J. Application of whey protein films[J]. Ciencia E Tecnologia De Alimentos, 2009, 29(2): 420 -430.

[298] Cho S Y, Lee S Y, Rhee C. Edible oxygen barrier bilayer film pouches from corn zein and soy protein isolate for olive oil packaging[J]. LWT - Food Science and Technology, 2010, 43(8): 1234 -1239.

[299] Valencia - Chamorro S A, Perez - Gago M B, Del Rio M A, et al. Effect of antifungal hydroxypropyl methylcellulose (HPMC) - lipid edible composite coatings on postharvest decay development and quality attributes of cold - stored “Valencia” oranges[J]. Postharvest Biology and Technology, 2009, 54(2): 72 -79.

[300] Tripathi S, Mehrotra G K, Dutta P K. Chitosan based antimicrobial films for food packaging applications[J]. E - Polymers, 2008, 114(4): 1173 -1182.

[301] Dang Q F, Yan J Q, Li Y, et al. Chitosan Acetate as an Active Coating Material and Its Effects on the Storing of Prunus avium L[J]. Journal of Food Science, 2010, 75(2): S125 - S131.

[302] Simoes A D N, Tudela J A, Allende A, et al. Edible coatings containing chitosan and moderate modified atmospheres maintain quality and enhance phytochemicals of carrot sticks[J]. Postharvest Biology and Technology, 2009, 51(3): 364 -370.

[303] 王昕，李建桥，马中苏. 淀粉基可食膜在番茄常温保藏中的应用[J]. 食品工业科技，2004，25(10)：129 -131.

[304] 阎瑞香，张平，王莉. 改性纤维素类成膜剂在食品保鲜中的应用[J]. 食品研究与开发，2004，25(1)：144 -146.

[305] Lacroix M. Mechanical and Permeability Properties of Edible Films and Coatings for Food and Pharmaceutical Applications[J]. Edible Films and Coatings for Food Applications, 2009: 347 -366.

[306] Qin Z Y, Mo L T, Liao M R, et al. Preparation and Characterization of Soy Protein Isolate - Based Nanocomposite Films with Cellulose Nanofibers and

Nano - Silica via Silane Grafting[J]. Polymers, 2019, 11(11): 1 - 15.

[307]罗爱平，李昌军，肖蕾，等. 可食天然复合保鲜膜对低温肉制品的保质研究[J]. 食品科技，2004(5): 75 - 78.

[308]李桂峰，刘兴华，付娟妮. 可食涂膜对鲜切红地球葡萄粒呼吸强度和品质的影响[J]. 西北农业学报，2005, 14(1): 66 - 70.

[309]Hu D Y, Wang H X, Wang L J. Physical properties and antibacterial activity of quaternized chitosan/carboxymethyl cellulose blend films[J]. LWT - Food Science and Technology, 2016, 65: 398 - 405.

[310]Chiabrando V and Giacalone G. Effect of chitosan and sodium alginate edible coatings on the postharvest quality of fresh - cut nectarines during storage[J]. Fruits, 2016, 71(2): 79 - 85.

[311]Jafari S, Hojjati M, Noshad M. Influence of soluble soybean polysaccharide and tragacanth gum based edible coating to improve the quality of fresh - cut apple slices[J]. Journal of Food Processing and Preservation, 2018, 42(6): 1 - 8.

[312]田亚维. 苦瓜的研究概述[J]. 医学信息，2002, 15(10): 619 - 621.

[313]常凤岗. 苦瓜的化学成分研究(Ⅱ)[J]. 中草药，1995, 26(10): 507.

[314]常凤岗. 苦瓜的化学成分研究(Ⅰ)[J]. 贵阳医学院学报，1994, 21(6): 281.

[315]肖志艳，陈迪华，斯建勇. 苦瓜的化学成分研究[J]. 中草药，2000, 31(8): 571.

[316]齐文波，徐中平，徐誉泰，等. 苦瓜素的分离纯化与抗肿瘤活性的研究[J]. 离子交换与吸附，1999, 15(1): 59 - 63.

[317]孙宝莹，孙宝全，张朝，王书春. 苦瓜皂苷的药效学实验研究[J]. 河南中医药学刊，1994, 9(6): 19.

[318]Zong R J, Morris L L, Cantwell M. Postharvest physiology and quality of bitter melon (*Momordica charantia L.*)[J]. Postharvest Biology and Technology, 1995, 6(1 - 2): 65 - 72.

[319]Myojin C, Enami N, Nagata A, et al. Changes in the radical - scavenging activity of bitter gourd (*Momordica charantia L.*) during freezing and frozen storage with or without blanching[J]. Journal of Food Science, 2008, 73(7): C546 - C550.

[320]董华强，蒋跃明，汪跃华，等. 苦瓜采后热处理对其抗冷性的影响[J]. 农业工程学报，2005，21(5)：186－188.

[321]Han C，Zuo J H，Wang Q，et al. Effects of 1－MCP on postharvest physiology and quality of bitter melon（*Momordica charantia L.*）[J]. Scientia Horticulturae，2015，182：86－91.

[322]Mohammed M and Wickham L D. Extension of bitter gourd（*Momordica charantia L.*）storage life through the use of reduced temperature and polyethylene wraps[J]. Journal of Food Quality，1993，16(5)：371－382.

[323]Wang L，Li Q，Cao J，et al. Keeping quality of fresh－cut bitter gourd（*Momordica charantia L.*）at low temperature of storage[J]. Journal of Food Processing and Preservation，2007，31(5)：571－582.

[324]章泳. 青花菜应用BA保鲜初报[J]. 长江蔬菜，1996(1)：35－36.

[325]上海植物生理学会编. 植物生理学实验手册[M]. 上海：上海科学技术出版社，1985.